赵彤的私房汤

最传统的食材煲出最美的汤

【赵彤 / 主编】

重庆出版集团 重庆出版社

图书在版编目（CIP）数据

赵彤的私房汤/赵彤主编. —重庆:重庆出版社,
2015.7
ISBN 978-7-229-10058-2

Ⅰ.①赵… Ⅱ.①赵… Ⅲ.①汤菜－菜谱 Ⅳ.
①TS972.122

中国版本图书馆CIP数据核字(2015)第132001号

赵彤的私房汤
ZHAOTONG DE SIFANGTANG

赵　彤　主编

出 版 人：罗小卫
责任编辑：刘　喆
特约编辑：吴文琴　　徐　琪
责任校对：何建云
装帧设计：金版文化·郑欣媚

重庆出版集团　出版
重庆出版社
重庆市南岸区南滨路162号1幢　　邮政编码：400061　http://www.cqph.com
深圳市雅佳图印刷有限公司印刷
重庆出版集团图书发行有限公司发行
E-MAIL:fxchu@cqph.com　邮购电话：023-61520646
重庆出版社天猫旗舰店
cqcbs.tmall.com　直销
全国新华书店经销

开本：720mm×1016mm　1/16　印张：15　字数：220千
2015年9月第1版　　2015年9月第1次印刷
ISBN 978-7-229-10058-2
定价：35.00元

如有印装质量问题，请向本集团图书发行有限公司调换：023-61520678

版权所有　　侵权必究

赵彤

Yedda Chao

赵彤是一个有着缤纷幻想力的双鱼座女生。她以模特、演员身份出道，迅速获得各大品牌宠爱，并在偶像剧中崭露头角。

谁也没想到，2003年年底，赵彤的第二次香港之旅会改变她之后的人生方向。此后，她不但多次挑战电影屏幕，更很快被电视台发掘其主持方面的过人天赋，逐渐地成为主持界倍受瞩目的华语女主播，在2009年获封"十大华语主持最佳风尚主持人"。

尽管舞台上光彩夺目，但生活中的她，最吸引人的，还是她敏捷的思维。由于工作关系，长期穿梭于亚洲各地的她，总能随时掌握最乐活的生活资讯。遇事爱琢磨的她，因此逐渐形成自己的生活新主张，渐渐成为有独特品味的美食家、生活创意家和美容养生意见领袖。

在中国台湾曾主持：温泉乡的诗歌（民视）、健康天天报（台视）、Taipei Walker Walker（纬来）

目前在中国香港主持：现担任香港华娱卫视首席女主播，韩国旅游发展局特约主持人。

主持《爱尚女人香》《教主来了》《爱美丽学堂》《麻辣男女阵》《师来运转》《YEDDA的韩国日记》等多档节目

参演电影：

2011年 《潮性办公室》

2009年 《金钱帝国》

2008年 《我的老婆是赌圣》

2007年 《七擒七纵七色狼》

《神枪手与智多星》

2004年 《2046》

参演电视剧：

2015年 《美丽的秘密》（合作演员：何润东）

2014年 《最萌急诊》（合作演员：陶帅）

2011年 《亲密损友》（合作演员：赵硕之、关楚耀、高皓正、方皓文）

2004年 《死了都要爱》（合作演员：信乐团）

2003年 《家有日本妻》（合作演员：张晨光、杨思敏、田丽）

2002年 《极速青春》（合作演员：陈柏霖、柯宇纶、王宇婕）

《爱上总经理》（合作演员：吕颂贤）

《超人气学园》（合作演员：贾静雯）

《听笨金鱼唱歌》（合作演员：汪东城）

2001年 《我们这一家》（合作演员：叶欢）

《麻辣鲜师》（合作演员：潘玮柏）

赵彤自序

2004年4月，我"赵彤"正式来到香港，踏上我在香港的主持生涯之路。人生地不熟，不会广东话，没有朋友，没有亲戚，只有我自己……虽然这不是我第一次离家工作，但却是我第一次离开家、独自生活的日子。

在家的日子，我虽然也算自力更生，但"洗衣""煮饭"从来没有在我的字典中出现过，更别说"租房子要签合约""电灯坏了，不是打给男朋友而是要打给水电行"这些琐事，离开了家，我可爱的家，我才知道原来我是生活白痴……完了……

来到香港的前半年，我的皮肤还像在家时一样稳定，但不知道何时开始，我的脸完全不受控制，将我在香港的孤独生活给表现出来了。"痘痘"这么难听的名字，竟然要放在我的脸上，噢，MY GOD!这叫我怎么出去见人，怎么工作呀！

中医、西医都看了，原来是体内上热下寒及毒素累积所造成的，就像小时候老师常说的集十个星星换一个奖品似的，我用外面的快餐换来了"大奖"——比丑小鸭还丑的脸……呜呜！

好，为了我的脸和我越来越差的身体，及我心爱的人，我开始了煲汤调养计划。煲汤，对香港人来说真是太平凡不过的事了，但对小女子我来说，真的比我许愿要当贵妇还难。唉！来了香港两年，才开始学煲汤，第一次就是完败。但是，失败是成功之母的嘛，无数次的尝试之后，终于有一些神奇的变化啦！

怎么回事？看下去吧！

CONTENTS 目录

第一章
我的煲汤秘诀

第二章
给自己的养颜汤

第三章
给自己的滋补汤

第四章
给家人的爱心汤

第五章
为工作的你特调养生汤

第一章 我的煲汤秘诀

从小我就知道这句话，世上无难事，只怕有心人。在现在的日常生活中，我对这句话也是笃信不疑，比如煲汤。我很小就喜欢喝各种汤，一碗好汤，可以在寒冷的冬天温暖你的肠胃，也可以在炎热的夏天为你打开胃口。长大后，独自一人在外闯荡，深知生活不易，更要学会调节，学会好好照顾自己。于是，我试着走出浮躁的快节奏状态，开始学着煲汤，试着体验一下慢生活，享受人生的宁静美好。

但是，俗话说得好，心急吃不了热豆腐，在做的过程中，我发现煲汤也会有很多『突发状况』，有时需要慢工细煲，方能熬制人间美味，于是，我渐渐地掌握了很多煲汤的秘诀。现在，我可以骄傲地说：煲汤，没问题！那么，从本章开始，我们就一起来了解煲汤的秘诀，煲一锅好汤，犒劳自己的胃吧！

家庭制汤的器具介绍

　　古语有云：工欲善其事，必先利其器。我们想要煮出美味的汤，就要先了解什么是制汤，制汤都要准备哪些器具。

　　制汤，是将含蛋白质与脂肪丰富的原料放在水锅中长时间煮沸，使原料中的蛋白质与脂肪溶解于水，制成鲜美的汤，以供烹调或食用。汤是烹制菜肴必不可少的调味品，汤的质量好坏对菜肴的影响很大，特别是鱼翅、海参、燕窝等珍贵而本身又没有鲜味的原料，全靠精制的汤提鲜增味。因此，制汤是一项很重要的工作。以下介绍几种煲汤常用器具。

1 汤锅： 汤锅有不锈钢和陶瓷等不同材质，部分可用于电磁炉。若要使用汤锅长时间煲汤，一定要盖上锅盖慢慢炖煮，这样可以避免过度散热。

2 漏勺： 漏勺可用于食材的余水处理，多为铝制。煲汤时可用漏勺取出余水的肉类食材，方便快捷。

3 滤网： 滤网是制作高汤时必须用到的器具之一。滤网可以将细小的杂质滤出，让汤品美味又美观。还可在煲汤完成后用滤网滤去表面油沫和汤底残渣。

4 汤勺： 汤勺有不锈钢、塑料、陶瓷、木质等多种材质。煲汤时可选用不锈钢材质的汤勺，耐用，易保存。塑料遇热可能产生有毒化学物质，不建议长期使用。

5 瓦罐： 地道的老火靓汤煲制时多选用质地细腻的砂锅瓦罐。其保温能力强，但不耐温差变化，主要用于小火慢熬。新买的瓦罐第一次应先用来煮粥或是锅底抹油放置一天后再洗净煮一次水，可使其寿命更长。

如何计算煮汤的水量

研究发现，煲汤时原料与水比例的不同能够直接影响成品汤质量的好坏。原料与水分别按照1：1、1：1.5、1：2或者1：3等不同的比例煲汤，汤的色泽、味道、香气有很大区别，而且营养成分的比例也不同，以1：1.5时最佳。按照最佳比例煲汤，汤中析出的氨基酸等成分的浓度最高，口感也最好。

基本水量

在家煲汤，基本水量可以家中饮汤的人数，乘以每人所要喝的碗数，计算出来。譬如：家中有四人，每人想喝两碗汤，共计八碗（每碗约220毫升），水量就是1760毫升。

快煮汤所需的总水量

由于快手滚氽汤与羹汤是利用短时间快煮，汤水不会很容易蒸发掉，所以水量只要以喝汤人数的总和乘以0.8即可。例如，家中有四人，每人喝两碗汤，共计八碗，每碗约220毫升，总共为1760毫升，因此煮汤的水量即是1760毫升乘以0.8，约为1280毫升的水，如此加入材料快煮后，即可得到每人喝两碗汤的量。

煲汤所需的总水量

依预定煲煮时间的水量，每小时再加10%的蒸发水量，如此每次煲汤所需的总水量，煲出来的汤足够每人喝两碗。例如：煮1小时的水量是1760×1.1毫升，煮2小时的水量是1760×1.2毫升，煮3小时的水量是1760×1.3毫升。

隔水炖汤所需的总水量

隔水蒸炖的汤，由于水分不会蒸发掉，因此直接以喝汤人数乘以每人碗数，总量1：1即可。例如家中四人，每人喝两碗汤，共计八碗，每碗约220毫升，共计1760毫升。因此隔水炖汤的总水量即是1760毫升。

制作靓汤的关键

　　老火靓汤很有名，所以很多人认为做出正宗的老火靓汤很难。其实老火靓汤的制作并没有想象中难，但是要想做好一锅美味和营养兼备的老火靓汤，一定要注意以下几个关键问题。

注意主料和调味料的搭配

　　常用的花椒、生姜、胡椒、葱等调味料，这些都起去腥增香的作用，一般都是少不了的，针对不同的主料，需要加入不同的调味料。比如羊肉汤，由于羊肉膻味重，调料如果不足的话，做出来的汤就是涩的，想要避免就得多加姜片和花椒了。但调料多了也有一个不好的地方，就是容易产生太多的浮沫，这就需要大家在做汤的后期自己耐心地将浮沫捞掉。

选择优质合适的配料

　　一般来说，根据所处的季节的不同，加入相应时令蔬菜做为配料可令汤味美又健康。比如炖酥肉汤，春夏季就加入菜头做配料，秋冬季就加白萝卜。对于那些比较特殊的主料，则需要加特别的配料。比如，牛羊肉汤吃了就很容易上火，就需要加祛火的配料，这时，萝卜就是比较好的选择了，二者合炖，就没那么容易上火了。

原料应冷水下锅

　　制作老火靓汤的原料一般都是整只整块的动物性原料，如果投入沸水中，原料表层细胞骤受高温易凝固，会影响原料内部蛋白质等物质的溢出，成汤的鲜味便会不足。煲老火靓汤讲究"一气呵成"，不应中途加水，因这样会使汤水温度突然下降，肉内蛋白质突然凝固，再不能充分溶解于汤中，也有损于汤的美味。

注意加水的比例

　　原料与水按1∶1.5的比例组合，煲出来的汤色泽、香气、味道最佳，对汤的营养成分进行测定，汤中氨态氮（该成分可代表氨基酸）的含量也最高。

须将汤面的浮沫打净

打净浮沫是提高汤汁质量的关键。如煲猪蹄汤、排骨汤时，汤面常有很多浮沫出现，这些浮沫主要来自原料中的血红蛋白。当水温达到80℃时，动物性原料内部的血红蛋白会不断向外溢出，这时打浮沫最为适宜。

掌握好调味料的投放时间

制作老火靓汤时常用葱、姜、料酒、盐等调味料，主要起去腥、解腻、增鲜的作用。要先放葱、姜、料酒，最后放盐。如果过早放盐，就会使原料表面蛋白质凝固，影响鲜味物质的溢出，同时还会破坏溢出蛋白质分子表面的水化层，使蛋白质沉淀，汤色灰暗。

掌握好火候

大火：大火是以汤中央"起菊心——像一朵盛开的大菊花"为度，每小时消耗水量约20%。煲老火汤，主要是以大火煲开、小火煲透的方式来烹调。

小火：小火是以汤中央呈"菊花心——像一朵半开的菊花心"为准，耗水量约每小时10%。肉类原料经不同的传热方式受热以后，由表面向内部传递，称为原料自身传热。一般肉类原料的传热能力都很差，大都是热的不良导体。但由于原料性能不一，传热情况也不同。据实验：一条大黄鱼放入油锅内炸，当油温达到180℃时，鱼的表面温度达到100℃左右时，鱼的内部温度只有60～70℃。因此，在烧煮大块鱼、肉时，应先用大火烧开、小火慢煮，原料才能熟透入味，并达到杀菌消毒的目的。

此外，原料体中还含有多种酶，酶的催化能力很强，它的最佳活动温度为30～65℃，温度过高或过低其催化作用就会变得非常缓慢或完全丧失。因此，要用小火慢煮，以利于酶在其中进行分化活动，使原料变得软烂。利用小火慢煮肉类原料时，肉内可溶于水的肌溶蛋白、肌肽、肌酸等会被溶解出来。这些含氮物浸出得越多，汤的味道越浓，也越鲜美。

另外，小火慢煮还能保持原料的纤维组织不受损，使菜肴形体完整。同时，还能使汤色澄清，醇正鲜美。如果采取大火猛煮的方法，肉类表面蛋白质会急剧凝固、变性，并不溶于水，含氮物质溶解过少，鲜香味降低，肉中脂肪也会溶化成油，使皮、肉散开，挥发性香味物质及养分也会随着高温而蒸发掉。还会造成汤水耗得快、原料外烂内生、中间补水等问题，从而导致延长

烹制时间，降低菜品质量。

至于煲汤时间，有个口诀就是"煲三""炖四"。因为煲与炖是两种不同的烹饪方式。煲是直接将锅放于炉上焖煮，约煮三小时以上；炖是用隔水蒸熟为原则，时间约为四小时以上。煲会使汤汁愈煮愈少，食材也较易于酥软散烂；炖汤则是原汁不动，汤头较清不浑浊，食材也会保持原状，软而不烂。

煲汤时要善用原汤、老汤

煲汤时要善用原汤、老汤，没有原汤就没有原味。例如，炖排骨前将排骨放入开水锅内汆水时所用之水，就是原汤。如嫌其浑浊而倒掉，就会使排骨失去原味，如将这些水煮开除去浮沫污物，用此汤炖排骨，才能真正炖出原味。

使汤更营养的秘诀

第一是懂药性

比如煲鸡汤时，为了健胃消食，就加肉蔻、砂仁、香叶、当归；为了补肾壮阳，就加山芋肉、丹皮、泽泻、山药、熟地黄、茯苓；为了给女人滋阴，就加红枣、黄芪、当归、枸杞。

第二是懂肉性

煲汤一般以肉为主。比如乌鸡、黄鸡、鱼、排骨、龙骨、猪脚、牛骨髓、牛尾、羊肉、羊脊等，肉性各不相同，有的发、有的酸、有的热、有的温，入锅前处理方式也不同，入锅后火候也不同，需要多少时间也不同。

第三是懂辅料

常备煲汤辅料有霸王花、梅干菜、海米、花生、枸杞子、西洋参、草参、银耳、木耳、红枣、八角、桂皮、小茴香、肉蔻、草果、陈皮、鱿鱼干、紫苏叶等，搭配有讲究，入锅有早晚。

第四是懂配菜

煲汤时很少仅靠喝汤解决一餐，还要吃其他菜，但有的汤菜会相克，影响汤性发挥。比如喝羊肉汤不宜吃韭菜、喝猪脚汤不宜吃松花蛋与蟹类等等。

第五是懂装锅

一般情况下，水与汤料比例在2.5：1左右，猛火烧开后撇去浮沫，微火炖至汤余50%～70%即可。

第六是懂入碗

根据不同汤性，有的先汤后肉，有的汤与料同食，有的先料后汤，有的喝汤弃料，符合要求才能最大限度发挥作用，反之影响效果。

制汤小窍门

在制作汤品的过程中，常常会遇到各种状况，让最后的口感大打折扣。如何让汤品更美味、更美观，是每个制作者都想要掌握的独门绝招。下面为您介绍几个制汤小窍门，让制作美味的汤品不再是难事！

汤太咸怎么补救

很多人都有过这样的经历，做汤过程中，一不小心盐放多了，汤变得太咸。硬着头皮喝，实在难入口；倒掉呢，又可惜。怎么办呢？

其实只要用一个小布袋，里面装进一把面粉或者大米，放在汤中一起煮，咸味很快就会被吸收进去，汤自然就变淡了。也可以把一个洗净去皮的生土豆放入汤内煮5分钟，汤亦可变淡。

汤太油怎么补救

有些含脂肪多的原料煮出来的汤特别油腻，遇到这种情况，第一种办法是使用市面上卖的滤油壶，把汤中过多的油分滤去。

如果没有滤油壶，可采用第二种办法，将少量紫菜置于火上烤一下，撒入汤内，紫菜就可吸去过多油脂。

第三种方法则是在煲汤时放入几块新鲜的橘皮，这样也可以大量吸收油脂，汤喝起来就没有油腻感，而且味道棒极了。

第四种方法是用一块布包上冰块，从油面上轻轻掠过，汤面上的油就会被冰块吸收。冰块离油层越近越容易将油吸干净。

浓汤如何去沫

炖猪蹄汤、排骨汤时，汤面常有很多泡沫出现。这时应先将汤上的泡沫舀去，再加入少许白酒，既可分解泡沫，又能改善汤的色、香、味。或者汤中加入适量的菠菜，同样可达到去浮沫效果。而且这时的菠菜也非常可口。如果菠菜与酒并加，那就更好了，可使去沫速度加快，增加汤的鲜美感。

汤汁如何变浓

如何在没有鲜汤的情况下使汤汁变浓？一是在汤汁中勾上薄芡，使汤汁增加稠厚感。二是加油，令油与汤汁混合成乳油液，方法是先将油烧热，冲入汤汁，盖好锅盖用旺火烧，等一下汤就变浓了。

排骨汤如何增鲜

排骨汤味道鲜美、营养丰富。煮汤时，如在汤内放点醋，可促进骨头中的蛋白质及钙、磷、铁等矿物质的溶解。此外，醋还可防止食物中的维生素被破坏，使汤的营养价值更高，味道更鲜。

关于大骨汤的一些小知识

第一，如何加水。因为骨头中的类黏朊物质最为丰富，如牛骨、猪骨等，可把骨头砸碎，按1：5的比例加水小火慢煮。切忌用大火猛烧，也不要在中途加冷水，因为那样会使骨髓中的类黏朊不易溶解于水中，从而影响食效。

第二，如何增钙。熬骨汤时若加进少量的食醋，可大大增加骨中钙质在汤水中的溶解度，成为真正的多钙补品。

第三，防止骨髓流失。煲腔骨汤时，煲的时间稍长，其中的骨髓就会流出；煲的时间过短，腔骨中的营养素又不能充分溶解到汤中。为防止骨髓流出来，可以用生白萝卜块堵住腔骨的两头，这样骨髓就流不出来了。

陈年瓦罐煨鲜汤效果好

瓦罐是由不易传热的石英、长石、黏土等原料配合成的陶土经过高温烧制而成，其通气性、吸附性好，还具有传热均匀、散热缓慢等特点。

煨制鲜汤时，瓦罐能均衡而持久地把外界热能传递给内部原料，相对平衡的环境温度有利于水分子与食物的相互渗透，这种相互渗透的时间维持得越长，食材鲜香成分溢出得越多，煨出的汤的滋味就越鲜醇，被煨食品的质地就越酥烂。

对症喝汤更健康

日常人们常喝的汤有荤汤、素汤两大类，荤汤有鸡汤、肉汤、骨头汤、鱼汤、蛋花汤等；素汤有海带汤、豆腐汤、紫菜汤、番茄汤、冬瓜汤和米汤等。无论是荤汤还是素汤，都应根据个人的喜好与口味来选料烹制，"对症喝汤"可达到防病滋补、清热解毒的"汤疗"效果。

多喝汤不仅能调节口味、补充体液、增强食欲，还能够防病抗病，对健康非常有益。下面我们就来看看不同类汤的"汤疗"作用吧！

1 **延缓衰老多喝骨汤**：人到中老年之后，机体的种种衰老迹象也会相继表露出来，特别是由于微循环障碍，从而导致的心脑血管疾病相继产生。另外，老年人容易发生"钙迁徙"现象，从而导致骨质疏松、骨质增生和骨折等症状。骨头汤中特殊养分——胶原蛋白可补充钙质，改善上述症状，延缓人体的衰老。

2 **防治感冒多喝鸡汤**：鸡汤，特别是母鸡汤中的特殊成分，可加快咽喉及支气管黏膜血液循环，增加黏液的分泌，及时清除呼吸道病毒，可缓解咳嗽、咽干、喉痛等症状，对感冒、支气管炎等病症防治效果尤佳。

3 **治疗哮喘多喝鱼汤**：鱼汤尤其是鲫鱼汤、墨鱼汤中含有大量的特殊脂肪酸，可防止呼吸道发炎，防治哮喘的发作，对缓解儿童哮喘病最为有益。鱼汤中卵磷脂对病体的康复也十分有利。

4 **养气血多喝猪蹄汤**：猪蹄性平味甘，入脾、胃、肾经，能强健腰腿、补血润燥、补肾益精。加入一些花生和猪蹄一起煲汤，尤其适合女人。在民间这道汤用于调节妇女产后气血不足、乳汁缺少。

5 **退风热多喝豆汤**：如甘草生姜黑豆汤，对小便涩黄、风热入肾等症状，有一定治疗效果。

6 **解体衰多喝菜汤**：各种新鲜蔬菜含有大量碱性成分，常喝蔬菜汤可使体内血液呈正常的弱碱性状态，防止血液酸化，并使沉积于细胞中的污染物或毒性物质重新溶解后随尿排出体外。

第二章 给自己的养颜汤

女人天性爱美，这话一点都不假，那么爱美的我们该如何在平常的生活中保持年轻的状态呢？其实，从很小的时候我就特别重视容颜了。随着年龄的增长，我对养颜的认识愈加深刻，更偏向饮食保养，而且首推喝汤。有道是：『虚者补之』。补其不足，经常食用滋养的汤品，可以滋养补充体内的阴津，这样自然就可以达到护肤养肌、靓丽美容的目的了。

经常煲汤的我，对汤品自有我的一套认识和制作方法，在这里，我将常喝、好喝、有效的养颜靓汤简单的归类，让姐妹们调养有方。那么，爱美、很美的你，就赶紧行动起来吧！

私房汤

让皮肤白起来的

现在有些女人选择美黑，但是我相信，大部分的女人还是希望自己的皮肤白白嫩嫩的，所以千方百计远离紫外线，好怕晒黑的。可是我们不能总躲着太阳呀，而且这样也不利于健康，该怎么办呢？其实，除了擦各种护肤品来美白外，我们可以从饮食上实现美白的，下面给大家介绍几款美白私房汤。

润肤美白
可传世的养肤之宝

传世五宝汤

● 原料 *Ingredients* ●

山药……60克

水发银耳……50克

桂圆肉……35克

红枣……25克

鲜百合……20克

● 调料 *Seasonings* ●

白糖……10克

● 做法 *Directions* ●

1. 洗净去皮的山药切成小块；洗好的银耳切去根部，切朵。

2. 锅注水烧开，倒入红枣、百合、山药、桂圆、银耳，用中火煮开，转小火再煮约15分钟至熟软。

3. 倒入白糖用勺搅拌匀，续煮2分钟至白糖溶化。

4. 关火后将煮好的甜汤盛入碗中即可。

── 私房汤语 ──

外表和内在是有关联的，那么我们的美丽当然也要从内部"养"出来。这道汤的食材很家常，但对女人非常有好处，滋阴补血抗衰老统统都不在话下哟，为了美丽更为了健康，一起来试试吧！

❶

❷

❸

❹

加『料』鲜奶
肌肤光泽似珍珠

珍珠鲜奶安神养颜饮

◉ 原料 *Ingredients* •

牛奶……50毫升

珍珠粉……5克

◉ 调料 *Seasonings* •

白糖……10克

◉ 做法 *Directions* •

1.锅中注入适量清水烧开，倒入牛奶，拌匀。

2.盖上盖，烧开后用小火煮约2分钟至香味散出，揭盖，放入白糖，拌煮至溶化。

3.另取一碗，倒入珍珠粉。

4.把煮好的牛奶盛入装有珍珠粉的碗中拌匀，待稍微放凉即可饮用。

美白魔法棒
来自番茄的抗氧化剂

羊肉番茄汤

⊙ **原料** *Ingredients* ⊙

羊肉……100克

番茄……100克

⊙ **调料** *Seasonings* ⊙

鸡粉……3克

盐……2克

芝麻油……适量

高汤……适量

⊙ **做法** *Directions* ⊙

1. 砂锅中注入适量高汤煮沸，放入洗净切片的羊肉，倒入洗好切瓣的番茄，拌匀。

2. 盖上锅盖，用小火煮约20分钟至熟。

3. 揭开锅盖，放入少许盐、鸡粉，淋入芝麻油，搅拌匀调味。

4. 关火后，盛出煮好的汤料，装入碗中即可。

私房汤语

　　高汤的做法很简单，将猪骨氽水后放入砂煲，注水，再加入白萝卜、葱段、姜块、洋葱、料酒煲2小时就制作好了！

私房汤

让皮肤补水的

女人都知道补水对皮肤非常重要，皮肤一旦干燥缺水，就容易出现各种问题。虽然很多女人补水的护肤品都会使用，但是不要忘了，我们还可以从饮食方面来给皮肤补水的，尤其是滋润的汤水。下面让我给大家介绍几款可以给皮肤补水的私房汤吧！

香菇遇上萝卜
低调的补水秘方

香菇白萝卜汤

● 原料 *Ingredients* ●

白萝卜块……150克

香菇……120克

葱花……少许

● 调料 *Seasonings* ●

鸡粉……3克

盐……2克

胡椒粉……2克

● 做法 *Directions* ●

1. 锅中注水烧开，放入洗净切好的白萝卜，再倒入洗好切块的香菇，搅拌均匀。

2. 盖上盖，用大火煮约3分钟。

3. 揭盖，加入盐、鸡粉、胡椒粉，拌煮片刻至食材入味。

4. 关火后盛出煮好的汤料，装入碗中，撒上葱花即可。

私房汤语

　　香菇白萝卜汤是我比较欣赏的一款汤，它水分充足，喝起来有种淡淡的清甜，闻起来香沁心脾。但是我只喝应季白萝卜炖的汤，据说这样的效果才最佳，尤其是补水嫩肤、滋阴、养颜等方面哟。

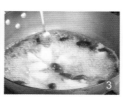

女人如水
亦要补水

黄瓜腐竹汤

⊙ **原料** *Ingredients* •

黄瓜……250克

水发腐竹……100克

葱花……少许

⊙ **调料** *Seasonings* •

盐……2克

鸡粉……2克

胡椒粉……少许

食用油……少许

⊙ **做法** *Directions* •

1. 锅中注入适量食用油，烧至六成热，倒入切好的黄瓜片翻炒均匀。

2. 加入适量清水搅拌匀，盖上盖，煮约10分钟，揭开盖，倒入腐竹段搅拌均匀。

3. 加入盐、鸡粉拌匀调味，再盖上盖，续煮约10分钟至食材熟透。

4. 揭开盖，加入适量胡椒粉搅拌均匀至食材入味，盛出煮好的汤料，撒上葱花即可。

私房汤语

　　黄瓜含水量达到96%~98%，其补水的效果，可想而知了。今天我要说说黄瓜腐竹汤，它释放出了黄瓜的鲜味，吸收了腐竹的豆香，有促进食欲、润泽肌肤、生津止渴等功效哟。爱美的女人千万不要错过这道补水靓汤哟！

绿豆芽韭菜汤

清新淡雅
要美白也要水润

◉ 原料 *Ingredients* ●

绿豆芽……70克

韭菜……60克

◉ 调料 *Seasonings* ●

盐……2克

鸡粉……2克

食用油……适量

高汤……适量

◉ 做法 *Directions* ●

1.热锅注油烧热，放入韭菜段炒香，倒入洗净的绿豆芽，炒匀炒香。

2.加入高汤拌匀，用大火煮约1分钟至食材熟透。

3.加少许鸡粉、盐调味，拌煮片刻至食材入味。

4.关火后盛出煮好的汤料即可。

补水美容
"1+1>2"

冬瓜番茄汤

● 原料 *Ingredients* ●

冬瓜块……120克

番茄……120克

葱花……少许

● 调料 *Seasonings* ●

盐……2克　　　　高汤……适量

鸡粉……2克

食用油……适量

● 做法 *Directions* ●

1. 热锅注油，放入洗净切好的番茄炒出香味，倒入准备好的高汤，至没过番茄为宜。

2. 倒入洗净的冬瓜块，拌匀，用中火煮约10分钟至食材熟透。

3. 加少许鸡粉、盐调味，拌煮片刻至入味。

4. 关火后盛出煮好的汤料，装入碗中，撒上葱花即可。

私房汤语

冬瓜和番茄对于女人来说都是很好的滋补品呢，食用后会感觉皮肤也在大口地喝水！

私房汤

让胸形完美挺拔的

很多女人都希望拥有傲人挺拔的胸部，却苦恼于不会促进胸部二次发育。其实，我建议大家通过饮食来丰胸，既健康又安全。当然，还一点一定要牢记，胸部不是越大越好，胸形好看才最重要哟！

丰胸润肺
木瓜的神奇你懂的

银耳木瓜汤

● 原料 *Ingredients* ●

木瓜……70克

水发银耳……40克

水发红豆……适量

● 调料 *Seasonings* ●

白糖……适量

● 做法 *Directions* ●

1. 洗净去皮的木瓜切成厚片，再切成小块；洗好的银耳切去黄色的根部，再切成小块。
2. 锅注水烧热，放入红豆、木瓜搅匀，盖盖，烧开后转小火煮10分钟。
3. 揭开盖子，倒入备好的银耳搅拌片刻，盖上盖子，煮5分钟至银耳熟透。
4. 揭盖，加入少许白糖，搅拌片刻至味道均匀即可。

私房汤语

　　今天这道汤呢，不仅能让你胸形更挺拔，还能助你滋阴润肺、淡化色斑，如果你一直坚持饮用，或许还能成为最美的女王呢！我是丰胸女王，我为自己代言。

女人的小心机
安全丰胸

丰胸木瓜汤

◎ 原料 *Ingredients* •

木瓜……80克

橙子……50克

◎ 调料 *Seasonings* •

冰糖……适量

◎ 做法 *Directions* •

1. 洗净去皮的木瓜切成丁；洗好的橙子去皮，切块。

2. 锅中注水烧开，倒入切好的木瓜、橙子，搅拌片刻。

3. 盖上锅盖，烧开后转小火煮20分钟至食材熟软。

4. 揭开盖子，倒入备好的冰糖搅拌片刻，使食材入味，
   盛出，装入碗中，放凉即可饮用。

经典的
美白丰胸汤

木瓜牛奶汤

◉ 原料 *Ingredients* ●

木瓜……80克
牛奶……70毫升

◉ 调料 *Seasonings* ●

白糖……适量

◉ 做法 *Directions* ●

1. 洗净去皮的木瓜对半切开，切小片。
2. 锅中注入适量清水，大火烧开，倒入木瓜，搅拌片刻煮至微软。
3. 把备好的牛奶分次慢慢地倒入，搅至混合，倒入适量白糖，持续搅动，使白糖完全溶化。
4. 关火，将煮好的甜汤盛出，装碗即可。

私房汤语

　　这是一道超级简单的美白丰胸汤哟，无论是食材，还是做法，都特别常见。牛奶和木瓜，是女人们特别喜欢的两种营养食物，将它们一起做汤，口感、功效都是棒棒的！

气色红润
身材棒棒

红豆花生乳鸽汤

◎ 原料 *Ingredients* •

乳鸽肉……200克

红豆……150克

花生米……100克

桂圆肉……少许

◎ 调料 *Seasonings* •

盐……2克

高汤……适量

◎ 做法 *Directions* •

1. 锅注水烧开，放入洗净的鸽肉搅拌匀，煮5分钟，捞出过冷水。

2. 另起锅，注入高汤烧开，加入乳鸽肉、红豆、花生米拌匀，大火煮开后调至中火，煮3小时。

3. 倒入桂圆肉、盐搅拌均匀，煮10分钟。

4. 揭开锅盖，将汤料盛出即可。

浓香美味
满满的胶原蛋白

木瓜鱼尾花生猪蹄汤

⊙ 原料 *Ingredients* •

鱼尾……100克	水发花生米……20克	
猪蹄块……80克	姜片……少许	
木瓜块……30克		

⊙ 调料 *Seasonings* •

盐……2克

食用油……适量

高汤……适量

⊙ 做法 *Directions* •

1. 锅注水烧开，倒入洗净的猪蹄搅拌片刻，氽去血水捞出，过凉水。
2. 锅中加油，放姜片爆香，加鱼尾煎香，倒入高汤煮沸，取出鱼尾装入鱼袋。
3. 砂锅注入煮鱼的高汤，放猪蹄、木瓜、花生、鱼尾煮15分钟，转中火煮1～3小时。
4. 揭盖，加盐拌至食材入味，盛出即可。

私房汤语

　　很多女人不喜欢猪蹄的肥腻，但又听说它能丰胸美容，想吃却无从下口，这该怎么办？当然是煲汤啦！这款汤让你吃不腻，还能补充满满的胶原蛋白哟！快来动手试试吧！

私房汤

让你快速拥有小蛮腰的

曲线美是现在女人的追求，不盈一握的小蛮腰可是大受欢迎啊。但是，要练小蛮腰就要"自虐"吗？不，我现在把我的幸福与大家分享啦，来一碗美味又营养的汤水，一样瘦出小蛮腰哟！学起来，也让你幸福地拥有小蛮腰！

健康随行
让你身轻自在

红腰豆薏米雪梨汤

◉ 原料 *Ingredients* •

雪梨……40克

水发红腰豆……30克

水发薏米……30克

◉ 调料 *Seasonings* •

冰糖……适量

◉ 做法 *Directions* •

1. 锅中注水，大火烧开，将切好的雪梨和洗好的薏米倒入锅中搅拌均匀，盖上盖，烧开后转中火煮20分钟至熟。

2. 揭开锅盖，倒入红腰豆，搅拌片刻，盖上锅盖，续煮5分钟至入味。

3. 揭开盖子，倒入冰糖搅拌片刻，使冰糖完全溶化。

4. 将煮好的甜汤盛出，装入碗中，待稍微放凉即可食用。

私房汤语

　　既想减肥，又不想饿肚子，这就需要选择有营养又可以"填"饱肚子的食材啦。比如薏米，这可是一种药食同源的食材呢，它不仅能增加饱腹感，还能清热祛湿、祛水消肿哟！

拒绝油腻
清清淡淡曲线美

双菇山药汤

● 原料 *Ingredients* ●

平菇······100克

香菇······100克

山药块······90克

葱花······少许

● 调料 *Seasonings* ●

盐······2克

鸡粉······2克

高汤······适量

● 做法 *Directions* ●

1. 锅中注入适量高汤烧开，放入备好的山药块。

2. 倒入洗净切块的平菇和香菇拌匀，用大火烧开，转中火煮约6分钟，至食材熟透。

3. 加少许盐、鸡粉调味拌煮至入味。

4. 关火后盛出煮好的汤料，装入碗中，撒上葱花即可。

私房汤语

　　香港金像奖颁奖典礼现场，女星们美丽的容颜配以美妙的身材，总会吸引摄影师们的最多注意力。好身材是多么重要呀！香菇在菜肴中一般都是配角，但是它也可以做主角呢！特别是你想要小蛮腰的时候，保健又减肥哟……

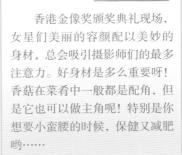

关键时刻
玲珑曲线为你加分

苦瓜香菇山药排骨汤

◎ 原料 *Ingredients* ●

排骨块……180克
苦瓜块……60克
山药片……30克
水发香菇……30克
姜片……少许

◎ 调料 *Seasonings* ●

盐……2克
高汤……适量

◎ 做法 *Directions* ●

1. 锅中注水烧开，倒入排骨煮2分钟，捞出过一下冷水。
2. 砂锅注入高汤烧开，倒入香菇、山药、苦瓜、姜片、排骨。
3. 盖上盖，用大火烧开后转小火炖1～3小时至食材完全熟透。
4. 揭开盖，加盐调味即可。

瘦成一道"闪电"
让所有人眼前一亮

冬瓜海带绿豆汤

◎ 原料 *Ingredients* •

冬瓜块……80克

海带……50克

水发绿豆……20克

◎ 调料 *Seasonings* •

白糖……适量

高汤……适量

◎ 做法 *Directions* •

1. 锅中注入适量高汤，大火烧开，再放入洗净切好的冬瓜。

2. 倒入洗好切片的海带和洗净的绿豆，拌匀。

3. 盖上锅盖，用中火煲煮约1小时至食材完全熟透。

4. 揭开锅盖，加入适量白糖拌煮至溶化，关火后盛出煮好的汤料，装入碗中即可。

私房汤语

　　要想瘦成一道"闪电"，除了要勤奋锻炼、好好休息外，最重要的就是饮食调控了。冬瓜中含有葫芦巴碱，能抑制糖类转化为脂肪；海带含有丰富的碘及微量元素，可消除体内脂肪。所以此汤是减肥瘦腰的好选择哟！

私房汤

让你拥有迷人好气色的

女人无论身材、容貌如何，只要她脸上容光焕发，洋溢着自信，那她就是有魅力的女人。所以，好气色对于我们女人很重要的。如何拥有好的气色最需要做的还是内部调理。现在给大家分享几款可以让你拥有迷人好气色的赵彤独家私房汤吧！

补血美味汤
让你气色赛芙蓉

桂圆红枣银耳炖鸡蛋

◉ 原料 *Ingredients* ●

水发银耳……50克
红枣……30克
桂圆肉……20克
熟鸡蛋……1个

◉ 调料 *Seasonings* ●

冰糖……适量

── 私房汤语 ──

　　我们都知道女人很容易贫血，想要皮肤白里透红，当然要从补血开始。哇哦，桂圆、红枣、银耳可以补血益气，鸡蛋清有辅助造血的功效，不仅补血还很滋养呢。现在让我们一起来学做这道汤，好好爱护自己吧。

◉ 做法 *Directions* ●

1. 锅中注入清水烧开，放入熟鸡蛋，加入洗好的银耳、桂圆肉、红枣。
2. 搅拌片刻，盖上锅盖，烧开后用大火煮20分钟至食材熟透。
3. 揭开锅盖，加入备好的冰糖搅拌片刻，至冰糖完全溶化。
4. 将煮好的甜汤盛出，装入碗中即可。

美容益肤汤

对镜梳妆
怎能忍受红颜不在

◉ 原料 *Ingredients* ●

山药……80克

水发银耳……50克

桂圆肉……8克

红枣……6克

◉ 调料 *Seasonings* ●

白糖……适量

◉ 做法 *Directions* ●

1.泡发好的银耳切去黄根，切成小块；去皮洗净的山药切成丁。

2.锅中注水烧开，倒入桂圆、红枣略煮，放入山药拌匀。

3.盖盖，煮沸揭盖，倒入银耳搅匀，倒入冰糖搅匀略煮片刻。

4.待所有食材煮到熟软，持续搅动片刻使味道均匀即可。

营养又补血
让你拥有水润肌肤

樱桃雪梨汤

● 原料 *Ingredients* ●

雪梨……40克

樱桃……30克

● 调料 *Seasonings* ●

冰糖……适量

● 做法 *Directions* ●

1. 锅中注入适量的清水烧开。

2. 将雪梨和樱桃倒入锅中拌均匀，盖上锅盖，烧开后转小火煮20分钟至食材酥软。

3. 揭开盖，倒入适量冰糖，搅拌片刻至冰糖溶化，使食材入味。

4. 将煮好的汤水盛出，装入碗中，稍微放凉即可饮用。

— 私房汤语 —

红润的樱桃碰撞晶莹的雪梨，淡淡的甜味让人胃口大开，而且减肥中的朋友也可以吃哟，身材重要，皮肤也同样重要呢。这可是让你皮肤白里透红的小秘密哟！

润肤养颜汤
让你宛若水出芙蓉

红枣银耳补血养颜汤

● 原料 *Ingredients* ●

水发银耳……40克

红枣……25克

枸杞……适量

● 调料 *Seasonings* ●

白糖……适量

● 做法 *Directions* ●

1. 泡发洗净的银耳切去黄色根部，再切成小块，备用。

2. 锅中注水烧开，倒入备好的红枣、银耳，盖上锅盖，烧开后转小火煮10分钟至食材熟软。

3. 揭开锅盖，倒入备好的枸杞搅拌均匀，稍煮片刻后加入少许白糖，搅拌溶化。

4. 将煮好的甜汤盛出，放凉即可饮用。

私房汤语

银耳从古至今都被看作是美容养颜、延年益寿之"良药"。很多女人都非常喜欢红枣银耳汤，这是因为它能补血、润肌。而添加了枸杞后，还能起到滋阴补肾的作用呢。你也一起来试试吧！

❶

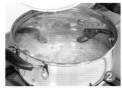

❷

❸

❹

补血养颜
无需浓妆艳抹

人参当归山药煲乌鸡

◉ 原料 *Ingredients* •

乌鸡肉块……200克

桂圆肉……15克

淮山……10克

人参……10克

当归……8克

姜片……适量

◉ 调料 *Seasonings* •

盐……2克

高汤……适量

◉ 做法 *Directions* •

1. 锅中注水烧开，倒入乌鸡块搅散，煮2～3分钟，余去血水，捞出过冷水。

2. 砂锅注入高汤烧开，将人参、淮山、当归、姜片、乌鸡倒入锅中，搅拌片刻。

3. 盖上锅盖，烧开后转中火煲煮3小时。

4. 揭开锅盖，加入盐，搅匀调味即可。

拒绝苍白
三黑一白来助你

何首乌黑豆桂圆煲鸡

● 原料 *Ingredients* ●

鸡肉块……300克

水发黑豆……80克

何首乌……15克

桂圆肉……15克

● 调料 *Seasonings* ●

盐……2克

高汤……适量

● 做法 *Directions* ●

1.锅中注水烧开，倒入洗净的鸡肉块搅拌均匀，煮约2分钟，捞出过一下冷水。

2.砂锅中注入高汤烧开，倒入鸡肉块，放入洗净的何首乌、桂圆肉、黑豆，搅拌均匀。

3.盖上盖，用大火烧开后转小火炖1～3小时至食材熟透。

4.揭开盖，加盐拌匀调味，盛出汤料即可。

私房汤语

　　去同事家尝到了这道汤，觉得味道很特别，便问起食材来。她告诉我汤中有益肾、养血的何首乌，还有益气血的桂圆等食材，它们全是能让肤色变得红润的绝佳食材哟！想要肤色红润的你，千万别错过！

私房汤

让你拥有乌黑秀发的

多少故事里的女主角，都是拥有着一头乌黑靓丽的长发姑娘，让人真羡慕。如果自己能拥有一头自然的黑发就真是太好啦！这里给大家介绍几款黑发护发的汤品，让你变成人生的女主角！

乌黑秀发的秘密
让我们在这道汤中找找

枸杞山药薏米羹

◉ 原料 *Ingredients* •

山药块……150克

水发薏米……100克

枸杞……少许

◉ 调料 *Seasonings* •

冰糖……适量

水淀粉……适量

◉ 做法 *Directions* •

1. 砂锅中注入适量的清水烧开，倒入切好的山药，再加入洗净的薏米。

2. 盖上锅盖，烧开后转中火煮1~2小时至食材完全熟软。

3. 揭开锅盖，倒入适量的冰糖、枸杞，搅拌至冰糖完全溶化。

4. 加入适量的水淀粉，快速搅拌片刻至汤水浓稠，盛出，装入碗中即可。

私房汤语

也许你没有美丽的礼服，但是你一定要保护好自己的优点——美丽的乌发，等待你命中注定的王子被这一优点所吸引，为你送上最美丽的礼服。你，想要保有美丽，饮汤吧！

头发乌润
让你回到少女时

木耳苹果红枣瘦肉汤

◉ 原料 *Ingredients* •

瘦肉块……80克

木耳……30克

苹果块……30克

玉米段……20克

胡萝卜块……20克

红枣……少许

姜片……少许

◉ 调料 *Seasonings* •

盐……2克

高汤……适量

◉ 做法 *Directions* •

1. 锅注水烧开，倒入洗净的瘦肉块搅散，汆煮片刻，捞出过一次冷水。

2. 砂锅倒入高汤，倒入汆过水的瘦肉，再放入备好的木耳、玉米、胡萝卜、苹果、红枣、姜片搅拌均匀。

3. 盖上锅盖，用大火煮15分钟，转中火煮1~3小时至食材熟软。

4. 揭开锅盖，加入少许盐调味，搅拌均匀至食材入味。

私房汤语

听过一句话，吃什么补什么，这道五彩缤纷的汤会不会补出五彩缤纷的秀发呢？当然不会，它只会让你的肤色更加粉嫩，头发更加乌黑，每一天都像童话中的公主一样耀眼！

第三章 给自己的滋补汤

女人问题总是不期而至，真是让人痛苦不已。

这类问题对我们的身心都会造成一定的伤害，影响我们的工作和生活。那么，有没有什么可行的解决方案呢？答案是肯定的，简简单单的汤汤水水就可以让我们受益匪浅。

都说女人是水做的，仿佛也只有汤汤水水才最适合女人。平时闲来无事的时候，我总爱煲些汤水。这些煲汤的食材不一定要名贵，但只要用心，家常的蔬果也能成为百变滋补汤羹的好食材。这些汤中，有的可以补充身体耗损的水分；有些则可以改善女人问题，补充身体所需的营养。翻阅本章，你将会看到一道道赏心悦目的滋补调养汤品，它们会为你打开健康之门。

清热降火的私房汤

都说炎炎夏日，哇，这么多的"火"，身体怎么能不上火呢！还好我学会了煲汤，用食物的各种特性灭掉身体里多余的"火"，无论是身体还是内心都舒服了。什么样的食物有这样的特性呢？当然是寒凉性的食物或者有补水功效的食物啦！

养心润肺
女人就要好好爱自己

川贝枇杷汤

◉ 原料 *Ingredients* ●

枇杷……40克
雪梨……20克
川贝……10克

◉ 调料 *Seasonings* ●

白糖……适量

◉ 做法 *Directions* ●

1. 洗净去皮的雪梨去核，切成小块；洗净的枇杷去蒂去核，再切成小块。

2. 锅中注入适量清水烧开，将枇杷、雪梨和川贝倒入锅中。

3. 搅拌片刻，盖上锅盖，用小火煮20分钟至全部食材熟透。

4. 揭盖，倒入少许白糖，搅拌均匀，将煮好的糖水盛出，装入碗中即可。

私房汤语

　　听广东的朋友说，他们咳嗽的时候都会买川贝枇杷露来喝，由此可见川贝和枇杷这两样东西是真的可以缓解咳嗽。这里介绍的川贝枇杷汤，味道好好啊，不仅甘甜清爽，还能润肺止咳、清热解毒呢！

莲子马蹄羹

清热顺滑
想一想都很清爽

◉ 原料 *Ingredients* •

马蹄……50克

水发莲子……30克

薏米……少许

◉ 调料 *Seasonings* •

冰糖……适量

水淀粉……适量

◉ 做法 *Directions* •

1. 锅中注入适量清水，烧至热，倒入莲子和薏米搅散，盖上锅盖，用大火煮30分钟至食材熟软。

2. 将洗净去皮的马蹄切成小块。

3. 揭开锅盖，倒入切好的马蹄，搅拌片刻，加入冰糖，搅拌片刻至完全溶化。

4. 倒入水淀粉搅拌片刻，将煮好的甜汤盛出，装入碗中，放凉即可饮用。

清热解暑
还你优雅不烦燥

清热双瓜汤

● 原料 *Ingredients* ●

冬瓜块……120克

黄瓜块……120克

姜片……少许

葱花……少许

● 调料 *Seasonings* ●

鸡粉……3克

胡椒粉……3克

盐……2克

芝麻油……适量

高汤……适量

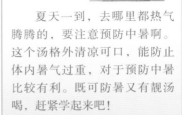

● 做法 *Directions* ●

1. 锅中注入适量高汤烧开，放入洗净的冬瓜块和姜片，搅匀。

2. 盖上盖，烧开后转小火煮约10分钟，揭盖，倒入黄瓜块拌匀。

3. 盖上锅盖，烧开后转小火煮约5分钟。

4. 开盖，加鸡粉、盐、芝麻油、胡椒粉煮片刻，装入碗中，撒上葱花即可。

私房汤语

　　夏天一到，去哪里都热气腾腾的，要注意预防中暑啊。这个汤格外清凉可口，能防止体内暑气过重，对于预防中暑比较有利。既可防暑又有靓汤喝，赶紧学起来吧！

祛湿去火
让你清爽一夏

眉豆冬瓜玉米须瘦肉汤

◉ 原料 *Ingredients* ◉

冬瓜块……100克

玉米须……5克

瘦肉丁……80克

姜片……少许

水发眉豆……40克

蜜枣……少许

── 私房汤语 ──

　　夏天上火，或者体内湿气重，可是会催生"痘"的哟，并且还会让人心烦气躁。根据以往的经验，我精心烹制了这道汤，祛湿降火明显，能让你持续拥有夏日清爽好状态哟！

◉ 调料 *Seasonings* ◉

盐……2克

高汤……适量

◉ 做法 *Directions* ◉

1. 锅中注水烧开，倒入瘦肉丁快速搅散，捞出过一遍冷水，沥干水分。

2. 砂锅中注入高汤烧开，放入瘦肉，撒入姜片搅拌匀，再将眉豆、玉米须、蜜枣、冬瓜块一起倒入锅中，搅拌片刻。

3. 盖上盖，烧开后煮3小时至食材熟透。

4. 揭开盖子，加入少许盐搅匀调味，盛入碗中，待稍微放凉即可食用。

滋阴润肺
还你一份清雅

白萝卜百合芡实煲排骨

◉ 原料 *Ingredients* •

排骨块……200克

白萝卜块……80克

鲜百合……20克

芡实……20克

枸杞……10克

◉ 调料 *Seasonings* •

盐……2克

高汤……适量

◉ 做法 *Directions* •

1. 锅中注入适量清水烧开，倒入排骨煮约2分钟，捞出过一下冷水。

2. 砂锅注入高汤烧开，倒入排骨、白萝卜、芡实、百合、枸杞搅拌匀。

3. 盖上盖，用大火烧开后转小火炖1～3小时至全部食材熟透。

4. 揭开盖，加入盐拌匀调味即可。

热气退散
还你健康好体质

凉瓜赤小豆排骨汤

● 原料 *Ingredients* ●

猪排骨……100克

苦瓜块……70克

水发红豆……30克

● 调料 *Seasonings* ●

盐……2克

高汤……适量

● 做法 *Directions* ●

1. 锅中注水烧开，倒入猪骨搅散，汆煮片刻，捞出过一次冷水。

2. 在砂锅中倒入高汤，加入猪骨、苦瓜、红豆，搅拌片刻。

3. 盖盖，用大火煮15分钟后转中火煮1～2小时至食材熟软。

4. 揭盖，加入少许盐调味，盛入碗中，待稍微放凉即可食用。

私房汤语

　　苦瓜又叫做凉瓜，因为它既苦又凉，相信很多人在上火的时候第一个想到的就是它了，不过不喜欢苦味怎么办呢？来煲汤吧，这样它的苦味就会被稀释了。而且经常喝苦瓜汤还能清热降火、明目解毒，对身体很有益哟。

夏 天到美国纽约的长岛玩乐，没有经过多久的阳光洗礼，我就拥有和我黑人朋友差不多的肤色了！肤色深在美国是很受欢迎的，一代表健康，二代表你有钱有闲去晒太阳呀！但美丽是一回事，晒出问题就不好了，而且要防止中暑呦！

要清火
也要温补身体

土茯苓绿豆老鸭汤

◉ 原料 *Ingredients* ●

鸭肉块……300克

绿豆……250克

土茯苓……20克

陈皮……1片

◉ 调料 *Seasonings* ●

盐……2克

高汤……适量

◉ 做法 *Directions* ●

1. 锅中注水烧开，放鸭肉煮2分钟余去血水，捞出后过冷水。

2. 锅注入高汤烧开，加入鸭肉、绿豆、土茯苓、陈皮，拌匀。

3. 盖盖，炖3小时至食材熟透。

4. 揭开锅盖，加入适量盐进行调味，盛出汤料即可。

私房汤语

　　这个汤真的很适合夏天喝，喝了之后整个人都清爽了不少。据说绿豆的清热解毒效果很好哟，这个汤不会油腻，又有着老鸭肉的香气，不仅清火，还可以补身子。喝了这款汤，体内的热气也消去不少哟！夏天来临啦，大家开始要注意清热去火了！

私房汤

祛湿排毒的

最近脸上又开始暴"痘痘"了，明明已经过了青春期，为什么还有痘呢？中医师告诉我这是体内的湿气太重引起的，脸上的"痘痘"只是在提醒我们湿气有点重了。天啊，如果不去掉湿气，岂不是要一直带着"痘痘"工作？还好中医师替我选了几种可以祛湿的煲汤食材。

祛湿补肾
排出毒素润红颜

山药芡实老鸽汤

◎ 原料 *Ingredients* ●

老鸽肉……200克
山药块……200克
芡实……50克
桂圆肉……少许
枸杞……少许

◎ 调料 *Seasonings* ●

盐……2克
高汤……适量

◎ 做法 *Directions* ●

1. 锅中注水烧开，放入洗净的鸽子肉搅拌匀，煮5分钟，捞出后过冷水。
2. 另起锅，注入高汤烧开，放入鸽子肉、山药、芡实拌匀。
3. 盖上锅盖，调至大火，煮开后调至中火，煮3小时至食材熟透。
4. 揭开锅盖，加入桂圆、枸杞、盐拌至入味，盖上锅盖，煮10分钟即可。

— 私房汤语 —

对于爱美的女人来说，祛湿排毒还真是个重要事呢，体内湿毒若不排出来，那可是伤身又损颜的事啊！这个汤，是朋友给介绍的，虽然山药我不经常食用，但它排毒效果很好呢。这汤味道不错哟，需要祛湿排毒的朋友可以试试啦！

胡萝卜马蹄煲老鸭

滋补养颜
还能唇齿留香

◎ 原料 *Ingredients* •

鸭肉块……300克

胡萝卜……200克

马蹄肉……100克

姜片……少许

◎ 调料 *Seasonings* •

盐……2克

鸡粉……2克

高汤……适量

食用油……适量

◎ 做法 *Directions* •

1. 砂锅倒油，放姜爆香，倒入胡萝卜、马蹄、高汤煮开后备用。

2. 锅注水烧开，放入鸭肉拌匀，煮2分钟，捞出后过冷水。

3. 将鸭肉放入砂锅，煮开后小火焖煮3小时至食材熟透。

4. 加入盐、鸡粉拌至入味即可。

去除毒素
让你皮肤更靓

牛蒡芡实白萝卜煲排骨

● 原料 *Ingredients* ●

排骨块……200克

白萝卜块……100克

芡实……30克

牛蒡子……20克

● 调料 *Seasonings* ●

盐……3克

高汤……适量

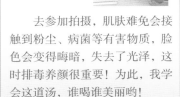

● 做法 *Directions* ●

1. 锅中注水烧开，倒入排骨块，煮约2分钟，氽去血水，捞出过一下冷水。

2. 砂锅中注入高汤烧开，倒入排骨、白萝卜、芡实、牛蒡子，搅拌匀。

3. 盖上盖，用大火烧开后转小火炖约2小时至食材熟透。

4. 揭开盖，加入盐拌匀调味，盛入碗中即可。

── 私房汤语 ──

去参加拍摄，肌肤难免会接触到粉尘、病菌等有害物质，脸色会变得晦暗，失去了光泽，这时排毒养颜很重要！为此，我学会这道汤，谁喝谁美丽哟！

排毒美颜
盛夏偶遇的淡香

莲藕猪心煲莲子

● 原料 *Ingredients* ●

猪心……120克

口蘑……100克

莲藕块……80克

莲子……30克

火腿……10克

姜片……少许

葱花……少许

● 调料 *Seasonings* ●

盐……2克

高汤……适量

食用油……适量

── 私房汤语 ──

　　湿气重的话，我觉得还是要食疗，广东的朋友介绍了这个莲藕猪心煲莲子，好东西要分享给大家哟！这道汤清甜不腻，还散发着淡淡藕香，莲藕和莲子都有着很好的排毒效果呢，猪心让汤有着肉鲜味。这样一道清淡而鲜甜的汤，祛湿排毒的效果很不错哟！

● 做法 *Directions* ●

1. 锅注水烧开，放入切片的口蘑，煮约1分钟捞出。

2. 放入猪心，煮约3分钟捞出，过冷水。

3. 砂锅注油烧热，放入姜片爆香，倒入莲子和莲藕炒匀，放火腿、猪心炒均匀，注入高汤没过食材，倒入口蘑拌匀。

4. 烧开后转小火煮1～3小时至熟透，加盐调味，装碗，撒上葱花即可。

排毒利器
一个都不能少

鸡骨草雪梨瘦肉汤

◎ 原料 *Ingredients* •

瘦肉……300克

胡萝卜……200克

雪梨……100克

马蹄肉……60克

罗汉果……30克

鸡骨草……25克

◎ 调料 *Seasonings* •

盐……2克

高汤……适量

◎ 做法 *Directions* •

1. 锅注水烧开，倒入瘦肉，煮约2分钟，捞出过一下冷水。

2. 砂锅注入高汤烧开，倒入胡萝卜、马蹄肉、雪梨、瘦肉、鸡骨草、罗汉果，搅拌均匀。

3. 盖上盖，用大火煮15分钟，转小火炖约1小时至食材熟透。

4. 揭开盖，放入盐拌匀调味，装入碗中即可。

祆湿补血
美丽不能有湿毒

莲藕粉葛干贝煲鱼

◉ 原料 *Ingredients* ●

鲫鱼……200克

莲藕……110克

粉葛……80克

干贝……15克

枸杞……5克

◉ 调料 *Seasonings* ●

盐……2克

高汤……适量

◉ 做法 *Directions* ●

1. 将煎好的鲫鱼装入隔渣袋中，备用。

2. 砂锅中注入高汤烧开，倒入处理好的粉葛、莲藕、干贝、鲫鱼，搅拌片刻。

3. 盖上锅盖，烧开后转中火煮1小时至全部食材熟透。

4. 揭开锅盖，加入备好的枸杞再焖煮一下，加入盐搅拌至食材入味即可。

— 私房汤语 —

　　在夏季，很多人会感受到很"湿"，湿易困脾，导致口淡无味、消化不良，以及体内毒素无法排除，这会损伤容颜。建议大家喝这道汤，能健脾、祛湿、补血，让你光彩依旧。

私房汤

滋阴润燥的

有时录制节目后没来由的各种烦躁，我觉得可能是太累了或者太饿了吧。但是只是补觉或者吃普通的食物貌似也没有改善，这时我想到了煲汤。心动不如行动，立刻去买了些简易的煲汤食材回来大显身手！

滋养身心
持之以恒的放松

枸杞红枣莲子银耳羹

◎ 原料 *Ingredients* •

水发银耳……30克

水发莲子……25克

红枣……15克

枸杞……10克

◎ 调料 *Seasonings* •

冰糖……适量

◎ 做法 *Directions* •

1. 锅中倒水烧开，倒入银耳，再加入洗净的莲子、红枣，搅拌片刻。

2. 盖上锅盖，烧开后用中火煮30分钟至食材熟软。

3. 揭开锅盖，倒入备好的枸杞，倒入冰糖搅匀，煮至完全溶化。

4. 将煮好的甜汤盛出，装入碗中，待稍微放凉即可食用。

—— 私房汤语 ——

　　这是我超爱的汤，味道非常清润可口，更重要的是，这个汤真的很滋润哟！银耳和红枣都是女人滋补佳品啊，加上莲子和枸杞，整个汤不仅可以滋阴润燥，还有着补血养颜的效果！

身体好脾气好
才能百年好合

百『莲』好合

◉ 原料 *Ingredients* •

水发莲子……40克

百合……30克

◉ 调料 *Seasonings* •

白糖……适量

◉ 做法 *Directions* •

1.锅中注入适量清水烧开，倒入洗好的莲子，搅散。

2.盖盖，转小火煮20分钟至莲子熟透。

3.揭开盖，将备好的百合倒入锅中，搅拌均匀，续煮5分钟。

4.加入少许白糖，搅拌均匀，关火后盛出煮好的甜汤，装入碗中即可饮用。

夏秋轻补
让你远离烦躁

燕窝莲子羹

◉ 原料 *Ingredients* ●

银耳……40克

莲子……30克

燕窝……15克

◉ 调料 *Seasonings* ●

冰糖……20克

水淀粉……适量

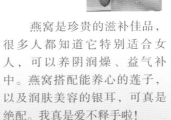

◉ 做法 *Directions* ●

1. 洗净的银耳切除黄色部分，切成小块。
2. 锅中注水烧开，放入备好的莲子、银耳，盖上盖，用小火煮约20分钟至食材熟软。
3. 揭开盖，放入泡发处理好的燕窝，盖上盖，煮约15分钟至食材融合在一起。
4. 揭开盖，一边搅拌一边加入适量水淀粉煮至黏稠，放入备好的冰糖搅拌均匀至其溶化即可。

—— 私房汤语 ——

燕窝是珍贵的滋补佳品，很多人都知道它特别适合女人，可以养阴润燥、益气补中。燕窝搭配能养心的莲子，以及润肤美容的银耳，可真是绝配。我真是爱不释手啦！

当 你美国中国两边飞时，最烦恼的就是时差的问题，总是昏昏的。不是七早八早就上床睡觉，就是该去走走逛逛的时间却全身无力，相当烦躁，真的好难调理哟！其实我觉得，如果有时间就让时间自然地调整，当然，这少不了靓汤的功劳。

川贝润肺
一味神奇的中药

川贝梨煮猪肺汤

◉ 原料 *Ingredients* ●

猪肺……120克
雪梨……100克
川贝粉……20克
姜片……少许

◉ 调料 *Seasonings* ●

冰糖……30克
高汤……适量

◉ 做法 *Directions* ●

1. 锅中注入清水，放入洗净的猪肺拌匀，煮开后用中火煮约2分钟，氽去血水，用勺撇去浮沫，捞出过冷水，洗净。

2. 砂锅中注入适量高汤烧开，放入洗净去皮切好的雪梨，倒入氽过水的猪肺，加入川贝粉、姜片，拌匀。

3. 盖盖，烧开后转中火煮约1小时。

4. 揭盖，加适量冰糖，拌煮至溶化，盛出即可。

私房汤语

中医认为猪肺性甘味平，有补肺润燥之功；雪梨富含维生素和水分，能生津润燥。但很多人不喜欢猪肺的味道，这时就可以加入雪梨、冰糖等，熬制成甜汤，这样就好喝又滋补啦。

养颜润燥
值得喜欢的汤

白果腐竹汤

● 原料 *Ingredients* **●**

腐竹段……40克

水发黄豆……15克

白果……10克

百合……10克

姜片……少许

私房汤语

　　吃得合理健康，对身体调养非常重要哟，有时候大鱼大肉吃多了，会觉得整个身体都油腻腻的，这时候就需要吃点清淡水润的啦。这个白果腐竹汤，清清淡淡的，又散发着淡淡豆香，不仅润肺养胃，还有着养颜效果哟！

● 调料 *Seasonings* **●**

盐……少许

● 做法 *Directions* **●**

1. 砂锅中注入适量清水烧开，放入清洗好的白果、黄豆。

2. 倒入腐竹、百合，撒入姜片，拌匀。

3. 盖上锅盖，煮沸后转中火煮约2小时，至食材熟透，揭盖，用勺子搅拌片刻。

4. 加入盐调味，盛出，装入碗中即可。

养生五宝汤

祛湿益气
养生平气滋润你

◎ 原料 *Ingredients* •

鸡肉块……250克

木瓜块……80克

墨鱼干……50克

莲子……30克

姜片……少许

◎ 调料 *Seasonings* •

盐……3克

高汤……适量

◎ 做法 *Directions* •

1. 锅中注水烧开，倒入鸡肉块，煮约2分钟，捞出过一下冷水。

2. 砂锅中注入高汤烧开，倒入鸡肉、莲子、木瓜块、姜片，倒入泡发洗净的墨鱼干搅拌匀。

3. 盖上盖，用大火烧开后转小火炖约2小时至熟透。

4. 揭开盖，加入盐拌匀调味即可。

滋润身心
这道汤给你力量

补气黄芪牛肉汤

◉ 原料 *Ingredients* ◉

牛肉……120克　　姜片……少许

白萝卜……120克　葱花……少许

黄芪……8克

◉ 调料 *Seasonings* ◉

盐……2克

◉ 做法 *Directions* ◉

1. 锅中注入水烧开，放入牛肉汆至变色，捞出过凉水。

2. 砂锅中注水烧开，放入汆好的牛肉，加入洗净的黄芪，撒入姜片，拌匀。

3. 烧开后转小火煮约1.5小时，放入洗净切好的白萝卜拌匀。

4. 用小火煮约30分钟至全部食材熟透，加少许盐拌匀调味，盛出，撒上葱花即可。

私房汤语

中医说的"气"呢，是一个很神奇的概念，它不是体内的一种物质，但是它可以让人体保持在一个很好的状态。而这道汤呢，就有很好的补气滋养作用，真是让人很有力量的一道汤哟。

安神助眠的 私房汤

睡不着！在床上滚过来滚过去，闭着眼睛也无法入眠的感觉实在太痛苦了，好想去买安眠药！可是不行啦，先不说药物不安全，如果以后都摆脱不掉怎么办？这时想起朋友说的安神助眠汤，试了一段时间后真的有所改善呢，能睡着真是太棒了！

进入美梦
带你飞遍花海

玫瑰提子饮

◎ 原料 *Ingredients* •

牛奶……50毫升

葡萄干……10克

玫瑰花瓣……5克

◎ 做法 *Directions* •

1. 锅中注入适量清水烧开，放入洗净的葡萄干。

2. 盖上锅盖，用小火煮约10分钟。

3. 揭开锅盖，放入洗好的玫瑰花瓣，倒入牛奶，拌匀，盖上盖，用小火煮至沸腾即可。

4. 关火后盛出汤水，装入碗中即可。

私房汤语

　　稳定情绪的方法很多哟，例如煮花茶喝。这道汤是朋友介绍我喝的，觉得很不错呢！很多人都知道玫瑰花瓣有着养颜功效，其实它还可以理气安神哟。哈哈，那就好东西大家一起分享啦！

健脑又安神
全家一起分享吧

核桃小花胶远志瘦肉汤

◎ 原料 *Ingredients* •

瘦肉……150克

核桃……20克

龟板……15克

小花胶……15克

远志……10克

黄精……10克

桂圆肉……10克

◎ 调料 *Seasonings* •

盐……2克

高汤……适量

◎ 做法 *Directions* •

1. 锅中注水烧开，倒入瘦肉煮约2分钟，捞出，过一下冷水。

2. 砂锅中注入高汤烧开，倒入瘦肉、龟板、远志、黄精、桂圆肉、核桃，搅拌均匀。

3. 用大火煮15分钟后转小火炖约2小时，至食材熟透。

4. 放入小花胶搅拌匀，续煮约10分钟，加盐调味即可。

保护大脑
还你一夜好眠

核桃腰果香菇煲鸡

◉ 原料 *Ingredients* •

鸡肉块……200克　　核桃……30克

腰果……30克　　　陈皮……少许

红枣……30克

水发香菇……30克

◉ 调料 *Seasonings* •

盐……2克

◉ 做法 *Directions* •

1. 锅中注水烧开，倒入鸡块搅散，煮2~3分钟，汆去血水，捞出过一遍冷水。
2. 锅中倒水烧开，倒入汆过水的鸡块，放入切好的香菇搅拌片刻，再倒入洗净的核桃、陈皮、腰果和红枣，搅拌均匀。
3. 盖盖，烧开后转中火煮3小时至食材熟透。
4. 揭盖，加入少许盐，搅匀调味即可。

私房汤语

　　充足而优质的睡眠能够保护大脑，使人精力充沛、皮肤光滑。常感觉大脑快被榨干，睡眠不好的我赶紧学会了煲汤，就是这道汤让我睡得好踏实。

近 跟每天都拍摄，虽然工作中的我很开心，但是身体还是好累好累。有的人累了立马能呼呼大睡，而我累了却需要一段平复情绪的过程。朋友建议我晚上最好喝点汤，睡时听些轻柔、舒缓的音乐，然后想着开心的事情，慢慢就入睡了。

一碗安眠汤
喝完就去睡个好觉

红枣薏米鸭肉汤

◉ 原料 *Ingredients* ●

鸭肉块……300克
薏米……100克
红枣……少许
葱花……少许

◉ 调料 *Seasonings* ●

盐……2克
高汤……适量

◉ 做法 *Directions* ●

1. 锅中注入适量清水烧开，放入洗净的鸭肉搅拌匀，煮2分钟余去血水，捞出后过冷水，盛入盘中备用。
2. 另起锅，注入适量高汤烧开，加入鸭肉、薏米、红枣，拌匀。
3. 盖上锅盖，调至大火，煮开后调至中火，炖3小时至食材熟透。
4. 揭开锅盖，加入适量盐搅拌均匀至食材入味，盛入碗中，撒上葱花即可。

私房汤语

　　我们是新时代的女人，大多都有着自己的工作，工作累身体也熬不住，谁都想直接倒床就一觉睡到天亮，但是太累了居然也睡不着！好在这道汤就能帮你调养，如果运气好，你还能做上一个美梦哟！

养肝明目的私房汤

最近总觉得看事物很不清楚，跟友说是肝火重，所以眼白部分有些黄、不舒服，导致视力减退。想了想以前学过的汤，貌似有几道汤是有养肝明目效果的哎！于是绞尽脑汁，努力想起煲这几道汤的细节，并付诸行动，坚持饮用一段时间。现在症状果然改善了不少呢。

保护眼睛
一起看这美丽世界

枸杞鹌鹑蛋醪糟汤

◎ 原料 *Ingredients* •

醪糟……100克

熟鹌鹑蛋……50克

枸杞……5克

◎ 调料 *Seasonings* •

白糖……适量

◎ 做法 *Directions* •

1. 锅中注水烧开，倒入醪糟拌匀，烧开后再煮20分钟。
2. 倒入少许白糖，搅拌均匀。
3. 倒入熟鹌鹑蛋和枸杞，搅拌片刻。
4. 盖上锅盖，稍煮片刻至食材入味，揭开锅盖，持续搅拌一会儿即可。

私房汤语

　　为了那些珍惜我们的亲朋，我们更要珍惜自己的身体，而吃好就是一个最简单的方法。好的食物不一定要很贵，就如米酒，相信爱美的女人都知道这是很好的温补佳品，而鹌鹑蛋和枸杞也是对人体很好的补品，所以这道汤有活气养血、明目、养肝等功效。

养肝静气
打开你的心灵之窗

木瓜西米甜品

◎ 原料 *Ingredients* •

木瓜……50克

西米……40克

牛奶……30毫升

◎ 调料 *Seasonings* •

冰糖……适量

◎ 做法 *Directions* •

1. 洗净去皮的木瓜切成丁。

2. 锅中注入适量清水烧开，倒入西米、冰糖搅拌片刻，盖上锅盖，用小火煮5分钟至西米呈半透明状。

3. 揭开锅盖，倒入切好的木瓜，把牛奶倒入锅中，搅拌片刻使其味道均匀。

4. 盖上锅盖，用小火再煮5分钟即可。

健体护肝
给你营养好身体

杏仁麻黄豆腐汤

◉ 原料 *Ingredients* ●

豆腐……300克

杏仁……10克

麻黄……10克

姜片……少许

◉ 调料 *Seasonings* ●

盐……2克

高汤……适量

◉ 做法 *Directions* ●

1. 砂锅中注入适量高汤烧开，放入洗好的麻黄，拌匀。

2. 盖盖煮约15分钟，捞出麻黄。

3. 放入洗净切块的豆腐，倒入洗好的杏仁，撒入姜片，拌匀。

4. 盖上盖，用小火煮约15分钟至熟，揭盖，加少许盐拌匀调味即可。

── 私房汤语 ──

　　真的觉得豆腐是个神奇的东西，那么便宜，却有那么多的好处。这个汤就可以润肺护肝、预防肝功能疾病呢！

滋养肝脏
给你最细致的呵护

大白菜老鸭汤

◎ 原料 *Ingredients* ●

白菜段……300克
鸭肉块……300克
姜片……少许
枸杞……少许

◎ 调料 *Seasonings* ●

盐……2克
高汤……适量

◎ 做法 *Directions* ●

1. 锅中注水烧开，放入鸭肉搅拌匀，煮2分钟氽去血水，捞出后过冷水。
2. 另起锅，注入高汤烧开，加入鸭肉、姜片拌匀，盖上锅盖，用大火煮开后调至中火，炖1.5小时使鸭肉熟透。
3. 揭开锅盖，倒入白菜段、枸杞，搅拌均匀，盖上锅盖，煮30分钟。
4. 揭开锅盖，加入盐搅拌均匀即可。

── 私房汤语 ──

　　之前真的对中医那些五脏六腑的说法不怎么了解，后来才慢慢知道一些，建议朋友们也都学习一些常用知识，然后对症下药地进行调养。据说，多喝汤水是滋养五脏的好方法哟！这个汤是由清肝火的大白菜和滋养五脏的老鸭进行搭配的，绝对是养肝的好汤哟！

爽口护眼汤
可不要小视简单材料哟

紫菜鸡蛋葱花汤

◎ 原料 *Ingredients* •

水发紫菜……100克

蛋液……60克

葱花……少许

◎ 调料 *Seasonings* •

胡椒粉……3克

盐……2克

鸡粉……2克

◎ 做法 *Directions* •

1.锅中注水烧开，放入洗净的紫菜拌匀，用大火煮约2分钟至食材熟透。

2.加盐、鸡粉、胡椒粉，拌匀调味。

3.倒入蛋液，边倒边搅拌，稍煮片刻，至蛋花成形。

4.关火后盛出煮好的汤料，装入碗中，撒上葱花即可。

养肝护肤
吃哪里补哪里的汤

菊花猪肝汤

● 原料 *Ingredients* ●

猪肝……100克
菊花……10克

● 调料 *Seasonings* ●

盐……3克
料酒……3毫升
生粉……2克
高汤……适量
食用油……适量

● 做法 *Directions* ●

1. 砂锅中注入高汤烧开，放入洗净的菊花拌匀，用中火煮约10分钟，至散出花香。

2. 揭盖，放入已经切好，并用盐、料酒、食用油、生粉腌好的猪肝，拌匀。

3. 盖上盖，用小火煮约2分钟，至猪肝变色。

4. 揭盖，放入少许盐，拌煮至入味即可。

— 私房汤语 —

长时间对着电脑屏幕，就感觉眼睛干涩、无神。现在，菊花可美容、明目，猪肝可补充维生素A，这个汤既能养肝，又能美容、明目，我无法不爱！

健脾养胃的私房汤

最近工作很忙，整天做"空中飞人"，飞机上的餐点、工作时的工作餐都让人胃口越来越差。唉，胃痛……好在拍摄都已经结束，终于能休息一阵了，一定要好好地调理一下自己的肠胃！不过，调理肠胃可不只是养胃而已，还要健脾哟！

暖胃甜品
养生也可以甜蜜蜜

番薯蜂蜜银耳羹

● 原料 *Ingredients* ●

红薯……70克

银耳……40克

枸杞……少许

● 调料 *Seasonings* ●

蜂蜜……适量

水淀粉……适量

—— 私房汤语 ——

　　想要养胃，养成按时定量吃饭等良好的饮食习惯很重要哟，不过拍摄时真的很难按时吃，所以我会喝一些健脾养胃的糖水。比如这道甜羹，味美！但是对我来说，最看重的是它的养胃功效，而且它还能滋阴补肾、强身健体哟。

● 做法 *Directions* ●

1. 洗净去皮的红薯切成小块；泡发洗净的银耳切去黄色根部，再切成小块。

2. 锅中注入清水烧开，倒入红薯、银耳搅拌均匀。

3. 用大火煮20分钟，倒入枸杞搅拌均匀，倒入适量水淀粉搅拌片刻。

4. 加入少许蜂蜜，搅拌至汤水浓稠，盛出即可。

山楂麦芽益食汤

开胃消食
贴心守护你的健康

◎ 原料 *Ingredients* •

猪肉……200克

山楂……8克

淮山……5克

水发麦芽……5克

蜜枣……3克

陈皮……2克

◎ 调料 *Seasonings* •

盐……2克

高汤……500毫升

◎ 做法 *Directions* •

1. 锅注水烧开，放入猪肉氽至变色，捞出过冷水。

2. 锅注入高汤烧开，加猪肉、山楂、麦芽、淮山、蜜枣、陈皮拌匀。

3. 烧开后转小火煮约1~3小时。

4. 加少许盐调味，拌煮片刻至食材入味，盛出装入碗中即可。

一边养胃
一边清热排毒

冬瓜干贝老鸭汤

◉ 原料 *Ingredients* ●

鸭肉块……300克	干贝……50克
冬瓜块……250克	陈皮……1片
瘦肉块……100克	

◉ 调料 *Seasonings* ●

盐……2克
高汤……适量

◉ 做法 *Directions* ●

1. 锅中注水烧开，放入鸭肉块搅拌匀，煮2分钟余去血水，捞出后过冷水。
2. 另起锅，注入适量高汤烧开，加入鸭肉、冬瓜、瘦肉、干贝、陈皮拌匀。
3. 盖上锅盖，用大火煮开后调至中火，炖3小时至食材熟透。
4. 揭开锅盖，加入适量盐，搅拌至食材入味即可。

— 私房汤语 —

不注重饮食就容易引起食欲下降、恶心、消化不良等症状，这也会影响宿便的排泄，这些都是女人的大敌。在这里我郑重推荐冬瓜干贝老鸭汤，就让它来帮你打败"敌人"吧！

暖胃养颜
有好胃才有好气色

南瓜胡萝卜栗子汤

● 原料 *Ingredients* ●

猪骨……100克
南瓜块……50克
玉米段……30克
胡萝卜块……30克
板栗肉……30克

● 调料 *Seasonings* ●

盐……2克
高汤……适量

── 私房汤语 ──

寒冷的时候是不是很想喝碗热气腾腾的靓汤？反正我是这样啦！这个南瓜胡萝卜栗子汤是我们在香港拍摄的时候喝的，很好喝哟。据说这个汤不仅味道好，而且非常养胃哟！现在教给你们，吃货的胃必须要养得好好的！

● 做法 *Directions* ●

1. 锅中注水烧开，倒入洗净的猪骨搅散，汆煮片刻，捞出过一下冷水，备用。

2. 砂锅中倒入高汤烧开，倒入猪骨、板栗肉、南瓜、胡萝卜和玉米搅拌均匀。

3. 盖上锅盖，烧开后煮15分钟，再转中火煮2~3小时至食材熟软。

4. 揭开盖子，加入少许盐调味，搅拌均匀至食材入味即可。

养眼又养胃

你也可以轻松学会

栗子玉米花生瘦肉汤

◉ 原料 *Ingredients* •

猪瘦肉……100克

玉米……100克

胡萝卜丁……40克

板栗肉……30克

花生米……30克

姜片……少许

◉ 调料 *Seasonings* •

盐……2克

高汤……适量

◉ 做法 *Directions* •

1. 锅注水烧开，倒入洗净切好的瘦肉煮约2分钟，捞出过冷水。

2. 砂锅注入高汤烧开，倒入备好的瘦肉、玉米、板栗肉、胡萝卜、花生米、姜片搅拌匀。

3. 盖上盖，大火烧开后转小火炖约2小时至食材熟透。

4. 揭开盖，加入盐拌匀调味即可。

补气养胃
胃，你要好好的

萝卜豆腐炖羊肉汤

⊙ 原料 *Ingredients* •

羊肉……100克

豆腐……100克

白萝卜……100克

姜片……少许

葱段……少许

香菜末……少许

⊙ 调料 *Seasonings* •

胡椒粉……3克

盐……2克

鸡粉……2克

芝麻油……适量

私房汤语

羊肉是温补食物，可补脾胃，常用于改善脾胃虚寒所致的各种不舒服症状。用羊肉、豆腐、白萝卜等食材熬制的汤，浓香爽口，是养胃、健脾、强身的好帮手哟。

⊙ 做法 *Directions* •

1. 锅中注水烧开，放入洗净切好的羊肉，煮约2分钟，捞出过凉水。

2. 砂锅注水烧开，放入羊肉、葱段、姜片拌匀，用中火煮约20分钟至熟。

3. 放入洗净切块的豆腐和白萝卜拌匀，用小火煮约20分钟至熟。

4. 加入盐、鸡粉、胡椒粉、芝麻油拌匀调味，撒上香菜末，略煮片刻即可。

私房汤

调经止痛的

现代女人压力很大，而身为女人每个月还要面对固定的那几天，唉，真烦！我们身体的问题一定可是第一位的，所以我们一定要调理好身体。怎么调理呢，试试煲汤吧！

肚子暖暖的
还你一夜好眠

桂圆红枣山药汤

● 原料 *Ingredients* ●

山药……80克

红枣……30克

桂圆肉……15克

● 调料 *Seasonings* ●

白糖……适量

● 做法 *Directions* ●

1. 将洗净去皮的山药切成丁。

2. 锅中注水烧开，倒入红枣、山药搅拌均匀，倒入备好的桂圆肉搅拌片刻。

3. 盖上盖，烧开后用小火煮15分钟至食材熟透。

4. 揭开盖子，加入少许的白糖，搅拌片刻至食材入味，关火后将煮好的甜汤盛出，装入碗中即可饮用。

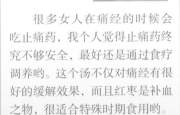

私房汤语

　　很多女人在痛经的时候会吃止痛药，我个人觉得止痛药终究不够安全，最好还是通过食疗调养哟。这个汤不仅对痛经有很好的缓解效果，而且红枣是补血之物，很适合特殊时期食用哟。

益母草鸡蛋饮

药香温暖你
女人草的温馨调养

◉ 原料 *Ingredients* ·

益母草……3克

红枣……3颗

枸杞……2克

熟鸡蛋……2个

◉ 调料 *Seasonings* ·

红糖……5克

◉ 做法 *Directions* ·

1. 锅中注水烧开，放入洗净切段的益母草，以及红枣、枸杞、鸡蛋，拌匀。

2. 盖上锅盖，用中火煮约30分钟至药材析出有效成分。

3. 揭开锅盖，倒入红糖拌煮至溶化，盖上盖，煮约5分钟，至汤水入味。

4. 揭盖，关火后盛出煮好的汤水即可。

补血女人汤
甜到心田里

红豆红糖年糕汤

● 原料 *Ingredients* ●

红豆……50克

年糕……80克

● 调料 *Seasonings* ●

红糖……40克

● 做法 *Directions* ●

1. 锅中注水烧开，倒入洗净的红豆，盖上盖，用小火煮15分钟至红豆熟软。

2. 把年糕切成小块。

3. 揭开盖，倒入切好的年糕，加入适量红糖拌匀，用小火续煮15分钟至年糕熟软。

4. 关火后把煮好的甜汤盛入碗中即可。

── 私房汤语 ──

　　女人气血足就会靓，而亏血、血虚会使人易患很多疾病，补血是女人一辈子的"事业"。红豆、红糖能补血养颜、调经止痛，而年糕软糯，都是我爱吃的，所以我们来分享这道汤啦！

在拍摄《金钱帝国》时有一次曾被送进香港养和医院，因为拍摄其中一场时，每个月都会有的那个特殊日期到来了，再加上吃不好也休息不好，拍摄到一半就感觉眼前一黑。女人呀！女人你一定要好好调养自己的身体，不然最明显的就是每个月那几天受苦！

"内在美"
才有外在美

板栗枸杞鸡爪汤

◉ 原料 *Ingredients* •

板栗……200克

鸡爪……50克

枸杞……20克

◉ 调料 *Seasonings* •

盐……2克

料酒……适量

白糖……适量

高汤……适量

◉ 做法 *Directions* •

1. 锅注水烧开，放入鸡爪、料酒搅拌均匀，煮3分钟，捞起后过冷水。

2. 砂锅注入高汤，大火烧开后加鸡爪、板栗，再次煮开后转至中火，炖3小时至食材熟软。

3. 揭开锅盖，放入枸杞，搅拌均匀，盖上锅盖，煮5分钟。

4. 揭开锅盖，加入白糖、盐搅拌至食材入味即可。

私房汤语

　　经常在想，下辈子做个男人吧，因为每个月那几天真的太苦啦！不过，慢慢地食疗调养一阵，就没那么痛苦了。这个汤有着活血止血的功效，对于我们女人那特殊的几天，可以有一定的缓解作用呢。对了，它还可以美容哟！

经期补血
苦口良药OUT了

花生香菇煲鸡爪

◎ 原料 *Ingredients* •

花生米……50克

香菇……50克

鸡爪……50克

姜片……少许

◎ 调料 *Seasonings* •

盐……2克

料酒……适量

高汤……适量

◎ 做法 *Directions* •

1. 锅注水烧开，放入鸡爪、料酒拌匀，煮3分钟，捞起后过冷水。

2. 砂锅注入高汤烧开，加入鸡爪、香菇、姜片、花生米拌匀。

3. 煮开后调至中火，炖3小时。

4. 揭开锅盖，加入少许盐搅拌至食材入味即可。

给身体补充能量
从这里开始吧

冬瓜鲜菇鸡汤

● 原料 *Ingredients* ●

冬瓜块……80克
鸡肉块……50克
瘦肉块……40克
水发香菇……30克

● 调料 *Seasonings* ●

盐……2克
高汤……适量

私房汤语

　　我爱香菇的口感，也爱冬瓜的清新，更爱营养丰富的肉类。这样一道美味又营养的汤，有没有让你充满了力量呢，它会让你在经期也有充足的精力来UP UP UP!

● 做法 *Directions* ●

1. 锅中注水烧开，倒入洗净的瘦肉和鸡肉汆水，捞出过凉水。

2. 锅中注入适量高汤烧开，倒入汆过水的食材，再放入备好的冬瓜、香菇，稍微搅拌片刻。

3. 盖上锅盖，大火煮15分钟后转中火煮2小时至熟软。

4. 揭开锅盖，加入少许盐调味，拌匀至食材入味即可。

补血止痛
记忆深处妈妈的爱

玉米煲老鸭汤

● 原料 *Ingredients* ●

鸭肉块……300克

玉米段……100克

红枣……少许

枸杞……少许

姜片……适量

● 调料 *Seasonings* ●

鸡粉……2克

盐……2克

高汤……适量

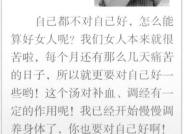

● 做法 *Directions* ●

1.锅中注水烧开，放入洗净的鸭肉块搅拌匀，煮2分钟汆去血水，捞出后过冷水。

2.另起锅，注入高汤烧开，加入鸭肉、玉米段、红枣、姜片拌匀，盖上锅盖，大火煮开后调至中火，炖3小时至食材熟透。

3.揭开锅盖，放入枸杞拌匀，加入少许鸡粉、盐搅拌均匀，至食材入味。

4.盖上锅盖，煮5分钟即可。

私房汤语

　　自己都不对自己好，怎么能算好女人呢？我们女人本来就很苦啦，每个月还有那么几天痛苦的日子，所以就更要对自己好一些哟！这个汤对补血、调经有一定的作用呢！我已经开始慢慢调养身体了，你也要对自己好啊！

茶树菇首乌瘦肉汤

调理身体
由内而外的补养

◎ 原料 *Ingredients* •

瘦肉……250克

茶树菇……200克

何首乌……20克

红枣……20克

党参……15克

枸杞……8克

◎ 调料 *Seasonings* •

盐……2克

高汤……适量

◎ 做法 *Directions* •

1. 锅中注入适量清水烧开，倒入洗净切好的瘦肉搅拌均匀，煮约2分钟，捞出过一下冷水。

2. 砂锅中注入高汤烧开，倒入汆煮好的瘦肉，放入洗净的茶树菇、枸杞、何首乌、红枣、党参搅拌均匀。

3. 盖上盖，用大火煮15分钟，转小火炖约3小时至食材完全熟透。

4. 揭开盖，放入盐拌匀调味即可。

补血暖宫
女人要学会爱自己

木瓜红枣陈皮生鱼汤

◉ 原料 *Ingredients* •

生鱼块……400克　　陈皮……8克

木瓜块……150克　　姜片……少许

红枣……20克

◉ 调料 *Seasonings* •

盐……2克

高汤……适量

◉ 做法 *Directions* •

1. 锅中注油，放入姜片爆香，倒入生鱼块翻炒
   至金黄色。

2. 加入适量高汤稍微拌煮片刻，将生鱼块装
   入煲汤鱼袋里面。

3. 砂锅注入高汤烧开，倒入鱼袋、木瓜、红
   枣、陈皮搅拌均匀。

4. 用大火煮15分钟，转小火炖约2小时至食材
   熟透，放入盐拌匀调味即可。

私房汤语

　　每个月总有那么几天提不起
劲，这时候就要好好的补血啦！
鱼汤，加入了木瓜、红枣、陈
皮，浓香中带着淡淡的清新，让
你放松身体，放松心灵。

第四章 给家人的爱心汤

无论在哪里，家始终都是温暖的港湾，恋家是人的本性。有时候，在面对我的家人的时候，我会突然不知道如何表达这份内心最深沉最温暖的情感，一个拥抱、一个吻、一个小礼物……这些似乎都还远远不够！那么，有什么东西能让家人回到家中就感到温暖呢？那就是一碗能够沁人心脾的暖汤了。

如今，我还常常思念家中汤的滋味，浓香滋补是一个因素，更重要的是里边有浓浓的温情，有剪不断的回忆。为家人煲一碗靓汤，不仅可温暖家人的胃，更是温暖家人的心。现在，我们就将这份『暖流』进行到底，带着家人尽享美味与健康，去初探一下那个既美味又温暖的烫煲世界吧。

健康汤饮

给老爸的

我的老爸，跟许许多多的父亲一样，默默承担着家庭的重担，默默给予着孩子无声而深沉的爱。我们步入中老年的老爸们，辛劳了大半辈子，身体也累积了些问题。最好能对症下药地给老爸煲一些汤水，老爸身体好，我们才安心。

降火润肺
最好的秋季调养汤

银耳枸杞雪梨汤

● 原料 *Ingredients* ●

水发银耳……50克
雪梨……50克
枸杞……5克

● 调料 *Seasonings* ●

冰糖……适量

● 做法 *Directions* ●

1. 锅中注入适量的清水烧开，倒入泡发切好的银耳和切好的雪梨。

2. 搅拌片刻，盖上锅盖，烧开后转中火煮20分钟至食材熟软。

3. 倒入冰糖，拌至溶化，将枸杞倒入锅中，搅拌均匀。

4. 把煮好的甜汤盛出，装入碗中，待稍微放凉即可饮用。

私房汤语

这个汤据说很滋润，我就给老爸煲了这汤，因为天干物燥，老爸最近很是燥热呢。本来只是想试一下的，谁知效果很好呢！雪梨和银耳都有清润祛燥功效，哈哈，再忙也不能忘记煲汤啊！

开胃酸梅汤

酸甜好喝又提神
夏日解乏最佳单品

◎ 原料 *Ingredients* •

鲜山楂……30克
麦芽……20克
酸梅……20克

◎ 调料 *Seasonings* •

冰糖……适量

◎ 做法 *Directions* •

1.锅中注水烧开，倒入洗好的酸梅和麦芽，搅拌均匀。

2.烧开后转中火煮15分钟至其析出营养成分，倒入切好的山楂，拌匀。

3.续煮10分钟，倒入适量的冰糖，拌匀，煮至冰糖溶化。

4.将煮好的汤水盛出，装入碗中，待稍微放凉即可饮用。

健脑又护心
老爸怎能不开心

青豆香菇干贝豆腐汤

● 原料 *Ingredients* ●

豆腐……200克　　香菇丁……20克

青豆……100克　　葱花……少许

火腿丁……20克

彩椒块……30克

干贝……20克

● 调料 *Seasonings* ●

盐……2克

鸡粉……少许

米酒……少许

食用油……适量

芝麻油……适量

● 做法 *Directions* ●

1. 锅中注油，倒入干贝、火腿丁、香菇丁，炒至呈金黄色。
2. 加米酒、青豆、彩椒块，炒匀。
3. 加水、盐、鸡粉拌匀，煮5分钟。
4. 倒入豆腐煮熟，倒入芝麻油，盛出，撒上葱花即可。

― 私房汤语 ―

　　散发着豆香味的乳白豆腐，搭配翠绿欲滴的青豆，哎呀，看起来就让人垂涎欲滴了。豆腐和青豆都有健脑益智的功效哟，还可保护心血管呢！

护肝肾补钙质
老爸吃肉更健壮

虾皮羊肉汤

◉ 原料 *Ingredients* ●

羊肉……150克
虾米……50克
蒜片……少许
葱花……少许

◉ 调料 *Seasonings* ●

盐……2克
高汤……适量

◉ 做法 *Directions* ●

1. 砂锅注入高汤煮沸，放入洗净的虾米，加入蒜片，拌匀。

2. 加盖，用小火煮约10分钟至熟，揭盖，放入洗净切片的羊肉，拌匀。

3. 加盖，烧开后煮约15分钟至熟，揭盖，加少许盐，拌匀调味。

4. 关火后盛出煮好的汤料，装入碗中，撒上葱花即可。

── 私房汤语 ──

这个汤是老爸很喜欢的汤哟，他平常吃得清淡，羊肉正好给他解馋。羊肉胆固醇和脂肪含量都比猪肉和牛肉低，而营养又很丰富，虾皮更是被称为"钙库"。这个汤还味浓肉嫩哟，老爸超爱喝的！

苦瓜花甲汤

轻松降血压
靓汤献老爸

◉ 原料 *Ingredients* •

苦瓜片……300克

花甲……250克

姜片……少许

葱段……少许

◉ 调料 *Seasonings* •

盐……2克

鸡粉……2克

胡椒粉……2克

食用油……少许

◉ 做法 *Directions* •

1. 锅中注油，放入姜片、葱段爆香，倒入洗净的花甲，翻炒均匀。

2. 向锅中加入适量清水，拌匀，煮约2分钟至沸腾。

3. 倒入洗净切好的苦瓜，煮约3分钟。

4. 加入鸡粉、盐、胡椒粉，拌匀调味，盛出，装入碗中即可。

鲜美三降汤
老爸健康的守护者

豆腐蛤蜊汤

⊙ 原料 *Ingredients* •

豆腐块……150克
蛤蜊……100克
姜片……少许
葱花……少许

⊙ 调料 *Seasonings* •

三花淡奶……5毫升
胡椒粉……3克
鸡粉……3克
盐……2克
食用油……少许

⊙ 做法 *Directions* •

1. 锅中注水烧开，倒入洗净切好的豆腐块、蛤蜊、姜片，拌匀。

2. 盖上盖，煮约2分钟。

3. 揭开盖，加入食用油、胡椒粉、鸡粉、盐，拌匀。

4. 倒入三花淡奶，拌匀盛出，撒上葱花即可。

私房汤语

　　此汤食材简单，但味道很鲜美！豆腐便宜又富含营养，特别适合老爸吃，降脂降压又降胆固醇，和蛤蜊搭配，效果更好了，整个汤超级鲜美！老爸狂赞！

白菜粉丝牡蛎汤

清爽宜人
给老爸的清肠下火汤

◉ 原料 *Ingredients* ●

白菜段 ……80克

牡蛎肉……60克

水发粉丝……50克

葱花……少许

姜丝……少许

◉ 调料 *Seasonings* ●

盐……2克

料酒……10毫升

鸡粉……适量

胡椒粉……适量

食用油……适量

◉ 做法 *Directions* ●

1.锅中注水烧开，倒入白菜、牡蛎肉、姜丝，淋入食用油、料酒，拌匀。

2.盖上锅盖，烧开后煮3分钟。

3.揭盖，加入少许的鸡粉、盐、胡椒粉，拌至入味。

4.加入泡软的粉丝，拌匀煮熟，盛出装碗，撒上葱花即可。

暖心更护心
给老爸的爱心汤

大蒜花生鸡爪汤

◉ 原料 *Ingredients* ●

花生米……100克

鸡爪……100克

大蒜……50克

◉ 调料 *Seasonings* ●

料酒……适量

盐……2克

高汤……适量

◉ 做法 *Directions* ●

1. 锅中注入清水烧开，放入处理好的鸡爪、料酒，拌匀，煮3分钟，捞起过冷水，装盘备用。

2. 另起锅，注入适量高汤烧开，加入鸡爪、花生米、大蒜，拌匀。

3. 加盖，用大火煮开后调至中火，炖3小时至熟，揭盖，加入盐。

4. 把汤料拌至入味，盛出即可。

— 私房汤语 —

　　花生和大蒜都可以很好地保护心脏，大蒜还能杀菌，加上可软化血管的鸡爪，让老爸的心脏更健康！爱老爸，就要爱护他的"心"！

最近不知道怎么了，采访、拍摄、录节目等，好像工作一下子凑到一起来了，有种"一大拨僵尸正在接近"的感觉，有点累，心情有点躁。回到家里，感觉老爸也有点烦躁。哎呀，是不是最近太忙了，煲的汤水少了，体内有"热气"了？

降低胆固醇
放心享受美味

豆腐白玉菇扇贝汤

● 原料 *Ingredients* ●

扇贝……40克

豆腐块……30克

白玉菇段……30克

姜片……少许

葱花……少许

● 调料 *Seasonings* ●

盐……2克

鸡粉……2克

胡椒粉……适量

食用油……适量

● 做法 *Directions* ●

1. 锅中注清水烧开，放入豆腐块，煮2分钟，捞出。

2. 另起锅注水烧开，依次倒入白玉菇、扇贝、姜片、豆腐，搅匀。

3. 加入食用油，盖上盖，煮5分钟至熟。

4. 揭盖，加入鸡粉、胡椒粉、盐，拌匀，盛出装碗，撒上葱花即可。

— 私房汤语 —

　　这个汤，是我专门为老爸挑选的哟！豆腐与水产海鲜是最佳搭档，白玉菇可是菌类中的"金枝玉叶"啊，扇贝肉质鲜嫩，可以让老爸解馋了呢，最最重要的是，这三种食材都有着降低胆固醇功效的哟。

开胃消食
健康与美味兼得

青红萝卜猪骨汤

◎ 原料 *Ingredients* •

猪骨……100克

青萝卜块……100克

胡萝卜块……70克

蜜枣……10克

杏仁……少许

陈皮……少许

◎ 调料 *Seasonings* •

盐……2克

高汤……适量

◎ 做法 *Directions* •

1. 锅中注水烧开，倒入洗净的猪骨搅散，汆煮片刻，捞出，沥干水分，过一次冷水，备用。

2. 砂锅中注入高汤烧开，倒入汆好水的猪骨，放入青萝卜块、胡萝卜、杏仁、陈皮、蜜枣，搅拌片刻。

3. 盖上锅盖，用大火煮15分钟，转中火煮2小时。

4. 揭开锅盖，加入盐拌至入味即可。

润肺止咳
老爸咳嗽不再怕

杏仁萝卜猪肺汤

⊙ 原料 *Ingredients* •

猪肺……100克
青萝卜……100克
杏仁……5克

⊙ 调料 *Seasonings* •

盐……2克
高汤……适量

⊙ 做法 *Directions* •

1. 锅中注水，放入洗净的猪肺，拌匀，煮开后用中火煮约2分钟，汆去血水，撇去浮沫。
2. 捞出过冷水，洗净沥干，备用。
3. 砂锅中注入高汤烧开，放入猪肺、洗净切好的青萝卜、洗好的杏仁，拌匀。
4. 烧开后用小火煮2小时至熟，加盐，拌匀调味，盛出装碗即可。

── 私房汤语 ──

老爸易受到感冒咳嗽的困扰，有朋友介绍了这个汤，回家煮给老爸喝，老爸的咳嗽真的很快就好啦！杏仁和猪肺能润肺止咳，记得常煲此汤哟！

呜呜，这段时间流感很严重，很多人都感冒了，连老爸也中招了。虽然他一向身体不错，可是神经大条的他没注意就着凉了。一开始还不重视，结果发展成了重感冒，一连几天都喝粥吃药，无精打采，看得我和妈妈很是心疼啊！所以身体很重要啊！

补虚益气
快给老爸补补身吧

猪蹄灵芝汤

◉ 原料 *Ingredients* •

猪蹄块……250克
黄瓜块……150克
灵芝……20克

◉ 调料 *Seasonings* •

盐……2克
高汤……适量

◉ 做法 *Directions* •

1. 锅中注水烧开，将剁好的猪蹄倒入锅中，汆去血水，捞出沥干，过一次凉水，备用。

2. 砂锅中倒入适量高汤，用大火烧开，放入猪蹄、灵芝，拌匀。

3. 加盖，烧开后煮15分钟转中火煮1~3小时，揭盖，倒入黄瓜块，拌匀。

4. 加盖，续煮10分钟至黄瓜熟软，揭盖，加盐拌匀调味，盛出装碗即可。

—— 私房汤语 ——

　　因感冒喝了几天清粥的老爸，痊愈后对荤肉真是"饥渴"！猪蹄本是不太适合的，但又想给老爸补补身子，就搭配了可降低胆固醇的灵芝，这汤可以很好地补虚益气哟！

第四章 给家人的爱心汤

增强免疫力
滴滴美味护健康

灵芝桂圆山药鸡汤

◎ 原料 *Ingredients* •

鸡肉块……200克

灵芝……20克

淮山……15克

桂圆……10克

蜜枣……适量

◎ 调料 *Seasonings* •

盐……2克

高汤……适量

◎ 做法 *Directions* •

1. 锅中注水烧开，倒入鸡肉块，煮2~3分钟，余去血水，捞出过冷水，沥干备用。

2. 砂锅中注入适量的高汤烧开，将桂圆、灵芝和蜜枣倒入锅中，加入淮山、鸡肉，拌匀。

3. 盖上锅盖，烧开后转中火煲3小时至药性完全析出。

4. 揭开锅盖，放入盐，搅拌片刻至食材入味，盛出装碗即可。

私房汤语

这个汤中，灵芝加上营养美味的鸡肉、清甜的桂圆等，煲出来的汤啊，老爸喝了都忍不住要一碗又一碗呢，更重要的是，它可以增强免疫力，是孝敬老爸的健康汤哟！

我 妈妈大半辈子为家庭操劳着，洗衣做饭，给予我无微不至的关怀与爱。岁月在她身上留下了痕迹。可是，再淡然的女人也渴望永远美丽，我们挡不住时光流逝，那么，就多给妈妈煲点滋润养颜抗衰老的汤水吧，尽我们的微薄之力，为老妈留住青春。

补血又养颜
妈妈红颜不老

莲子枸杞花生红枣汤

⊙ 原料 *Ingredients* ⊙

水发花生……40克
红枣……30克
水发莲子……20克
枸杞……少许

⊙ 调料 *Seasonings* ⊙

白糖……适量

⊙ 做法 *Directions* ⊙

1. 锅中注入适量清水，大火烧开。
2. 将花生、莲子、红枣倒入锅中，搅拌均匀。
3. 盖上盖子，用小火煮20分钟至食材熟透，揭开盖子，加入枸杞、白糖。
4. 搅拌片刻，使白糖完全溶化，盛出，装入碗中即可。

私房汤语

　　这是我特别喜欢的一道汤，孝顺如我，当然要在这么有意义的日子里把它献给我妈啦！烦躁上火，喝这个汤就对啦！最近妈妈"火气"大着呢，喝了这个汤，"火气"降了，整个人清爽多了，还说感觉皮肤都水润水润的呢！妈妈没"火气"，全家都受益啊！

赵彤的私房汤

补虚安神
灵芝帮你抗衰老

灵芝元气饮

◎ 原料 *Ingredients* ●

灵芝……5克

甘草……5克

蜜枣……1颗

◎ 调料 *Seasonings* ●

盐…… 少许

◎ 做法 *Directions* ●

1. 锅中注入适量清水烧开，放入洗好的灵芝、甘草，加入备好的蜜枣。

2. 盖上盖，煮约1小时，至食材的营养成分完全析出。

3. 揭开锅盖，加入少许盐，用勺子搅拌一会儿，并取汤水。

4. 装入杯中放凉即可饮用。

一碗美容汤
还妈妈青春靓丽

五色豆汤

◎ 原料 *Ingredients* •

水发黄豆……20克 　水发红豆……15克

水发黑豆……20克 　蜜枣……2颗

水发绿豆……15克 　陈皮……少许

水发眉豆……15克

◎ 调料 *Seasonings* •

盐……2克

◎ 做法 *Directions* •

1. 砂锅中注水烧开，放入洗好的黄豆、黑豆、绿豆、眉豆、红豆、陈皮，加入蜜枣，拌匀。

2. 盖上盖，用小火焖煮约2小时至食材熟透。

3. 揭盖，加盐调味，煮至入味。

4. 盛出，装入碗中即可。

私房汤语

　　五种颜色的豆子交融，让汤水看起来可口极了。它不仅好看好喝，还有着补血养颜、消肿瘦身、乌发、抗衰老等功效哟，赶紧学会，让妈妈美起来吧！

天天好心情
不怕更年期

一清二白汤

● 原料 *Ingredients* ●

豆腐……120克

茼蒿……120克

金针菇……80克

● 调料 *Seasonings* ●

胡椒粉……2克

芝麻油……适量

米酒……适量

高汤……适量

● 做法 *Directions* ●

1. 锅中注入适量高汤煮沸，放入洗净切块的豆腐，倒入洗好去除根部的金针菇，搅匀。

2. 加入洗净的茼蒿，拌匀，盖上锅盖，烧开后用小火煮约5分钟至熟。

3. 揭开锅盖，淋入米酒，加入少许胡椒粉，倒入芝麻油，拌匀调味。

4. 稍煮片刻，至食材完全入味，关火后盛出，装入碗中即可。

私房汤语

　　喜欢清淡的你，我会推荐这个汤哟！汤如其名，"一清二白"，清清淡淡，但是味道也很鲜美！豆腐的各种好，我就不再说啦，金针菇可是能提高免疫力呢。这个汤对进入更年期的女士有着很好的调节作用哟，哈哈，我妈妈心情可是变好了呢！

蹄花冬瓜汤

靓汤护肤
美味营养更养颜

◉ 原料 *Ingredients* •

猪蹄块……250克

冬瓜块……80克

水发花生米……30克

◉ 调料 *Seasonings* •

盐……2克

高汤……适量

◉ 做法 *Directions* •

1. 锅中注入适量清水烧热，倒入洗净的猪蹄块，汆去血水，捞出，沥干水分，过一次凉水。

2. 砂锅中注入高汤烧开，倒入冬瓜块，加入猪蹄。

3. 放入泡发好的花生米，搅拌片刻，加盖，烧开后用中火煮1~3小时至熟。

4. 揭盖，加入少许盐，搅匀调味，盛出，装入碗中即可。

一夜好眠
一碗浓香赠妈妈

黄花菜花生百合排骨汤

◎ 原料 *Ingredients* •

排骨块……200克
花生米……60克
黄花菜……50克
鲜百合……30克

◎ 调料 *Seasonings* •

盐……3克
高汤……适量

◎ 做法 *Directions* •

1. 锅中注水烧开，倒入洗净的排骨块，煮2分钟捞出，过冷水。

2. 砂锅中注入高汤烧开，倒入排骨、洗好的黄花菜、花生米、鲜百合，拌匀。

3. 用大火烧开后转小火炖1～3小时，至食材完全熟透。

4. 加盐，拌匀调味，盛出即可。

私房汤语

这个汤中黄花菜和百合都有着安神助眠作用，加上营养的花生和排骨，味道好好哟！妈妈喝了这个汤，睡得香香的，人也精神了，更显年轻了呢！

雪梨川贝无花果瘦肉汤

一碗靓汤润心肺
美丽女人没火气

◉ 原料 *Ingredients* •

瘦肉块……350克

雪梨……120克

无花果……20克

杏仁……10克

川贝……10克

陈皮……7克

◉ 调料 *Seasonings* •

盐……3克

高汤……适量

◉ 做法 *Directions* •

1. 雪梨洗净去皮，去核，切成块；泡好的陈皮刮去白色部分。

2. 锅中注水烧开，倒入洗净的瘦肉，煮2分钟捞出，过冷水。

3. 锅中加高汤烧开，加瘦肉、洗好的无花果、杏仁、川贝、陈皮、雪梨。

4. 煮至熟，加盐拌匀即可。

皮肤好好
妈妈更年轻

南瓜番茄山楂煲瘦肉汤

⊙ 原料 *Ingredients* •

猪肉丁……60克　　　番茄……20克

玉米……40克　　　　山楂……15克

南瓜……30克　　　　沙参……5克

土豆……30克

⊙ 调料 *Seasonings* •

盐……2克

⊙ 做法 *Directions* •

1. 锅中注入适量清水烧开，放入猪肉丁，汆去血水，捞出，备用。
2. 砂锅中注入适量清水烧开，放入猪肉，倒入切好的南瓜、土豆、番茄、玉米、山楂、沙参，拌匀。
3. 盖上盖，烧开后转中火煮约2小时。
4. 揭盖，放入少许盐，拌匀调味即可。

私房汤语

南瓜清甜、番茄和山楂微酸，还有玉米和土豆。这汤不仅开胃消食，还可抗衰老、美容护肤呢！正适合我爱美的妈妈哟！

腰不疼腿不痛
送给妈妈的舒筋活络汤

平菇鸡蛋汤

◉ 原料 *Ingredients* •

平菇……80克

菜心……20克

鸡蛋……1个

◉ 调料 *Seasonings* •

盐……2克

料酒……适量

食用油……适量

◉ 做法 *Directions* •

1. 锅中注水烧开，放入洗净切好的平菇，焯煮至断生，捞出，沥干待用。

2. 锅中注入适量清水烧开，倒入平菇，煮至沸。

3. 放入洗净的菜心，加入少许盐、食用油，煮至软。

4. 倒入已经打散，并加盐、料酒调匀的蛋液，边倒边搅拌，盛出，装入碗中即可。

私房汤语

　　这个平菇鸡蛋汤，煲起来好简单哟，味道清清淡淡的，也很好喝，有着菌菇的鲜和鸡蛋的香，菜心让汤更为清甜。平菇虽常见，但营养很丰富哟，据说有舒筋活络的功效，可舒缓腰腿疼痛。妈妈喝了，觉得味道很不错呢，腰腿疼痛也有所缓解哟！

岁月无痕

妈妈青春永驻

党参田七杜仲煲乌鸡

◎ 原料 *Ingredients* •

乌鸡肉块……200克

红枣……30克

党参……20克

田七……15克

杜仲……15克

◎ 调料 *Seasonings* •

料酒……8毫升

盐……2克

高汤……适量

◎ 做法 *Directions* •

1. 锅中注水烧开，倒入乌鸡块，煮2～3分钟，捞出，过一遍冷水，沥干水分，备用。

2. 砂锅中倒入适量高汤烧开，倒入乌鸡肉、党参、田七、杜仲、红枣，拌匀，淋入少许料酒提味。

3. 烧开后转中火煲煮3小时至药材析出有效成分。

4. 加盐，拌至入味，盛出装碗即可。

补血佳品
还你少女般的红润

茸杞红枣鹌鹑汤

⊙ 原料 *Ingredients* •

鹌鹑……250克

红枣……30克

鹿茸……15克

枸杞……少许

姜片……少许

⊙ 调料 *Seasonings* •

盐……2克

高汤……适量

⊙ 做法 *Directions* •

1. 锅中注水烧开，放入处理好的鹌鹑，汆去血水，捞出，过凉水，备用。

2. 砂锅中倒入高汤，放入鹌鹑、红枣、鹿茸、姜片、枸杞，拌匀。

3. 用大火煮15分钟，转中火煮约3小时至熟软。

4. 加盐，拌匀调味，盛出即可。

私房汤语

鹿茸是稀有的补品，有很好的补气血作用。红枣和鹌鹑都是补血佳品，喝了这个汤，能让脸色如少女般红润哟。妈妈喝了这个汤，脸色真的好了很多呢！

青萝卜陈皮鸭汤

补血行水

浓香淡油就是它

◎ 原料 *Ingredients* ●

鸭肉块……300克

青萝卜块……200克

陈皮……2片

姜片……适量

◎ 调料 *Seasonings* ●

盐……2克

鸡粉……适量

高汤……适量

◎ 做法 *Directions* ●

1. 锅中注入适量清水烧开，放入洗净的鸭肉块，搅拌匀，煮2分钟，氽去血水，捞出，过冷水，备用。

2. 另起锅，注入适量高汤烧开，加入鸭肉、青萝卜、陈皮、姜片，拌匀。

3. 加盖，大火煮开后调至中火，炖3小时至食材熟透。

4. 揭盖，加入鸡粉、盐，拌匀，至食材入味，盛出装碗即可。

鲜汤消肿
从此不问"肿么"啦

小白菜蛤蜊汤

◉ 原料 *Ingredients* •

蛤蜊……180克

小白菜段……60克

水发粉丝……30克

姜片……少许

◉ 调料 *Seasonings* •

料酒……4毫升　　三花淡奶……少许

鸡粉……2克　　　食用油……适量

盐……2克

胡椒粉……2克

◉ 做法 *Directions* •

1. 锅中注油，下姜片爆香，倒入蛤蜊炒匀，淋料酒炒香。

2. 向锅中加入清水，煮约2分钟，放入粉丝，拌匀。

3. 加入鸡粉、盐、胡椒粉，拌匀调味，倒入洗净切好的小白菜，煮至熟软。

4. 加三花淡奶拌匀，盛出即可。

私房汤语

很多女性都会有水肿现象，尤其是中老年女性，这让爱美的女人很是烦恼。有了这个小白菜蛤蜊汤，就不用担心啦！小白菜搭配蛤蜊消肿效果超好哟！

以人前，一到夏天，我的胃口就变差，总是不太喜欢正常吃饭，妈妈就大展厨艺让菜变得更加美味。现在回想起来，真为自己的任性愧疚呢，然后就是觉得，妈妈好伟大哟！而现在的夏天，长大成人的我，也开始想着能做些什么给妈妈吃。

清热消肿没烦恼
来一碗夏日圣汤

至味蛏子汤

◎ 原料 *Ingredients* ●

冬瓜片……180克

蛏子……120克

姜片……少许

葱花……少许

◎ 调料 *Seasonings* ●

盐……2克

鸡粉……2克

胡椒粉……2克

食用油……适量

◎ 做法 *Directions* ●

1. 锅中注水烧开，倒入洗净切好的冬瓜片，加入姜片。

2. 加盖，煮约5分钟，揭盖，倒入洗好的蛏子，搅拌匀。

3. 加盖，续煮约5分钟至熟，揭盖，加入鸡粉、胡椒粉，淋入少量食用油，拌匀调味。

4. 盛出煮好的汤料，装入碗中，撒上葱花即可。

私房汤语

　　夏天的汤品，这道至味蛏子汤是绝对要推荐的哟！冬瓜是很好的消暑食材啊，清甜甘凉，煲汤尤为鲜甜！而且，冬瓜与蛏子都有着清热解毒、消水肿的功效哟！冬瓜清甜，蛏子鲜美，两者搭配，味道清淡而鲜甜，妈妈喝得很开心！

营养汤

给他的一碗

每个女人，都会遇到那么一个他，都有个小情结，希望为心爱的他亲手作靓汤，亲手煲一碗汤给他，温暖他的心。为他煲汤，最好是选择适合他的汤煲，让你煲的汤水，不仅能暖心更有益身体。

养肺润肺更润心
一口清润送给他

百合雪梨养肺汤

◉ 原料 *Ingredients* ●

雪梨……80克

枇杷……50克

百合……20克

◉ 调料 *Seasonings* ●

白糖……20克

◉ 做法 *Directions* ●

1. 洗净去皮的雪梨切开、枇杷切开，去核，切成小块。
2. 锅中注水烧开，倒入雪梨、枇杷，煮至熟软。
3. 加入百合，再倒入白糖调味，搅拌匀，用小火炖煮10分钟至熟。
4. 关火后把煮好的汤料盛入碗中即可。

─ 私房汤语 ─

　　这就是我给朋友介绍的汤啦——百合雪梨养肺汤。雪梨可是养肺润肺的佳品啊，清甜可口，煮汤味道口感也同样赞哟！百合甘凉清润，也有着清心润肺的功效。

润肺汤

润肺更润心

简单汤，简单爱

◎ 原料 *Ingredients* •

雪梨……50克

水发银耳……30克

◎ 调料 *Seasonings* •

白糖……适量

◎ 做法 *Directions* •

1. 洗净去皮的雪梨去核，切开，切成小块；泡发洗好的银耳切去黄色根部，再切成小块。

2. 锅中注入适量清水，大火烧开，倒入银耳、雪梨。

3. 盖上盖，转小火煮20分钟至食材熟软。

4. 揭开盖子，加入少许白糖，搅拌均匀至食材入味，盛出，装入碗中即可。

开的是胃口
暖的是心窝

木瓜干贝玉米须排骨汤

◉ 原料 *Ingredients* ●

排骨块……200克

木瓜块……80克

鲜百合……20克

干贝……10克

玉米须……5克

◉ 调料 *Seasonings* ●

盐……2克

高汤……适量

◉ 做法 *Directions* ●

1. 锅中注水烧开，倒入洗净的排骨块，煮2分钟，捞出，过冷水。

2. 砂锅中注入高汤烧开，倒入洗好的木瓜、干贝、鲜百合、玉米须、排骨，拌匀。

3. 用大火烧开后转小火炖熟。

4. 加盐拌匀，盛出装碗即可。

— 私房汤语 —

总想为他煲营养又美味的汤，这个汤就是很好的选择，汤汁鲜美，干贝和玉米须都有着健脾开胃的效果哟！姐妹们，要抓住他的心，先养好他的胃啊！

补脾开胃
好汤养好胃

芥菜干贝煲猪肚汤

◎ 原料 *Ingredients* •

芥菜……250克

猪肚……200克

干贝……20克

姜片……少许

◉ 调料 *Seasonings* •

盐……2克

料酒……少许

高汤……适量

◎ 做法 *Directions* •

1. 芥菜洗净切块；洗净切好的猪肚倒入开水锅中，煮约2分钟，汆水捞出。

2. 砂锅中注入高汤烧开，倒入猪肚、干贝、姜片，拌匀，大火烧开后转小火炖约40分钟。

3. 淋入料酒，煮2分钟，倒入切好的芥菜，用小火续煮30分钟至食材熟透。

4. 加盐，拌匀入味，盛出装碗即可。

私房汤语

　　你若想为心爱的他亲手作羹汤，我力推这个汤哟！男人嘛，不按时吃饭都是常有的事情，你就需要注意帮他调理身体了。这个汤可以健脾胃、补虚损哟，很适合煲给你心爱的他喝呢！

我愿意为你，我愿意为你，我愿意为你被放逐天际……这样伟大的爱情，还有吗？我到底要怎么样才可以找到属于自己的那个Mr.Right?朋友总结说，当你遇到这个人的时候，你会发现即使你不刻意去捉住他的心、他的胃，他还是不会走。

至补至醇
超赞的补养汤

玉米羊肉汤

◉ 原料 *Ingredients* •

羊肉······120克

玉米粒······100克

香菜末······少许

◉ 调料 *Seasonings* •

胡椒粉······3克

盐······2克

鸡粉······2克

高汤······适量

◉ 做法 *Directions* •

1. 砂锅中注入适量高汤烧开，放入洗净的玉米粒，拌匀，加盖，煮约10分钟至熟。

2. 揭盖，加入适量盐、鸡粉、胡椒粉，拌匀调味。

3. 放入洗净切片的羊肉，拌匀，加盖，焖煮约15分钟至熟。

4. 揭盖，撒上香菜末，略煮片刻，盛出，装入碗中即可。

── 私房汤语 ──

这个玉米羊肉汤煲给他就再好不过啦！男生都喜欢吃肉，羊肉肉质细嫩，非常温补哟！玉米让汤更清甜，使汤醇而不腻。其实，只要是你煲的，他都爱喝哟！

温补散寒
冬日里的暖身汤

洋葱羊肉汤

◎ 原料 *Ingredients* •

羊肉……200克

洋葱片……150克

香菜末……10克

姜末……少许

◎ 调料 *Seasonings* •

蚝油……5克

盐……3克

鸡粉……2克

食用油……适量

◎ 做法 *Directions* •

1. 锅中注水烧开，倒入洗净切好的羊肉，煮约2分钟，捞出，过一下冷水，备用。

2. 热锅注油，烧至六成热，放入姜末，爆香，倒入洗净切好的洋葱片，炒匀。

3. 加入适量清水，倒入羊肉，拌匀，加入少许盐、鸡粉、蚝油，拌匀调味，用大火烧开。

4. 转小火炖约40分钟至熟，盛出装碗，撒上香菜末即可。

补肾强筋
好汤好营养

菟丝子红枣炖鹌鹑

● 原料 *Ingredients* ●

鹌鹑……150克

红枣……20克

菟丝子……5克

姜片……少许

● 调料 *Seasonings* ●

料酒……6毫升

盐……适量

鸡粉……适量

高汤……适量

● 做法 *Directions* ●

1. 锅中注水烧开，放入处理好的鹌鹑，汆去血水，捞出，过冷水。

2. 砂锅中倒入高汤，放入鹌鹑，加入菟丝子、红枣、姜片，拌匀。

3. 用大火煮15分钟，转中火煮2小时至食材熟软。

4. 加料酒、盐、鸡粉，拌匀即可。

── 私房汤语 ──

　　大大咧咧的男生总不注意给身体补充营养，为他炖这个汤可以很好地补补身体。鹌鹑是很好的滋补营养品，可以补肾强筋；菟丝子也有强身功效，快给你的他补补吧！

强身健体
为家遮风挡雨

墨鱼海底椰蜜枣煲鸡

◎ 原料 *Ingredients* •

鸡肉块……200克

水发墨鱼……70克

蜜枣……20克

海底椰……10克

姜片……适量

◎ 调料 *Seasonings* •

料酒……8毫升

盐……2克

高汤……适量

◎ 做法 *Directions* •

1. 锅中注水烧开，倒入鸡肉块，煮2~3分钟，汆去血水，捞出，过冷水，备用。

2. 砂锅中倒入适量的高汤烧开，倒入鸡肉块和切好的墨鱼块，将剩余食材一起倒入锅中。

3. 淋入少许料酒，拌匀，烧开后转小火煮3小时至食材熟透。

4. 加入少许盐，拌匀调味，盛出，装入碗中即可食用。

增强体质
补充蛋白质

莲藕花生鸡爪排骨汤

◉ 原料 *Ingredients* •

排骨……100克

莲藕块……100克

鸡爪……70克

水发眉豆……50克

水发花生……50克

◉ 调料 *Seasonings* •

盐……2克

高汤……适量

◉ 做法 *Directions* •

1. 砂锅中倒入适量的高汤烧开，倒入莲藕块、洗好的眉豆和花生。

2. 将洗净的排骨和鸡爪也倒入锅中，拌匀。

3. 烧开后转中火煮3小时至熟软。

4. 加入少许盐，搅匀调味，盛出，装入碗中即可。

私房汤语

这个汤很好喝哟，莲藕和花生都是补益气血的好东西，加上营养丰富的排骨和鸡爪，不但可补气血，还可增强体质哟！健壮的他，才让你更有安全感呢！

第五章 为工作的你特调养生汤

快节奏的生活使得人们的事业更进一步，生活更上一层楼，身体状况便渐渐开始走下坡路，不但容颜渐老，从情绪到身体状况都会出现种种挥之不去的问题，着实令人苦恼。在最忙、最累的时候，我甚至感觉身心都垮了，大脑不够用、思维不灵活、内分泌失调等问题，也让我身心交瘁。面对这种情况，除了求医问药外，辅助的食疗也是必不可少的。

常听人们说，身体不好时要多喝点汤补补，现在，平日里只要有时间，我就会在家煲汤喝，本章中的这些汤，改变了我的生活状态，希望它们也能够助您的健康一臂之力，让您也可健康轻松地面对生活。

私房汤

改善用脑过度的

很多工作都要求人们超负荷用脑，作为主持人，我深有体会，工作量大，信息丰富，不容出错，大脑长期处于紧绷的状态，这不是什么好事。通过煲汤，针对大脑进行补养，慢慢地，我感觉状态好多了。下面，就让我来一一介绍这类神奇的健脑汤吧。

补心健脑
就是这么简单

核桃虫草花墨鱼煲鸡

◉ **原料** *Ingredients* ●

鸡肉块……200克

虫草花……30克

红枣……30克

水发墨鱼……30克

核桃……25克

◉ **调料** *Seasonings* ●

料酒……8毫升

盐……2克

高汤……适量

私房汤语

　　生活中许多食材都有着非常高的养生价值，只是我们都懒于去寻找。核桃、墨鱼、鸡肉能提供大脑所需的优质蛋白质和脂肪，再配以补血养心的红枣、平喘止咳的虫草花，熬出来的汤浓香无比，好喝到爆呀！其实，补心健脑就是这么简单。

◉ **做法** *Directions* ●

1. 锅中注水烧开，倒入备好的鸡块氽去血水，捞出过一遍冷水。

2. 砂锅中加高汤烧开，放入鸡块、洗好的虫草花，倒入核桃、红枣和水发墨鱼。

3. 淋入少许料酒，盖上锅盖，烧开后转中火煮3小时至药材析出有效成分。

4. 揭盖，加少许盐拌至食材入味，盛出，装入碗中即可。

又润肺又补脑
效果VERY GOOD

核桃海底椰玉米鸡汤

◉ 原料 *Ingredients* ●

鸡肉……200克　　　芡实……5克

玉米……100克　　　杏仁……5克

胡萝卜……100克　　姜片……少许

海底椰……5克

核桃……5克

◉ 调料 *Seasonings* ●

盐……2克

高汤……500毫升

◉ 做法 *Directions* ●

1. 锅中注水烧开，放入洗净斩件的鸡肉，汆去血水，捞出过冷水。
2. 砂锅中注入高汤烧开，倒入鸡肉，放入洗净切好的玉米、胡萝卜、姜片。
3. 加入洗好的海底椰、核桃、芡实、杏仁，拌匀，盖上锅盖，烧开。
4. 用小火煮约1～3小时至食材熟透，揭盖，加盐调味，盛出即可。

私房汤语

　　朋友觉得奇怪，最近我玩游戏怎么输得没那么厉害了？我就笑着说，因为我喝汤补脑去了啊！实际上也真的是，这个核桃海底椰玉米鸡汤，是妈妈给煲的，它对大脑有很好的补益作用，还能润肺利咽，味道也是很不错呢。

赵彤的私房汤

天麻安神益智汤

安神补脑
自家厨房配制的灵丹妙药

◉ 原料 *Ingredients* •

瘦肉块……300克

龟板……20克

天麻……15克

菖蒲……15克

远志……15克

◉ 调料 *Seasonings* •

盐……2克

高汤……适量

◉ 做法 *Directions* •

1. 锅中注水烧开，倒入洗净切好的瘦肉搅匀，煮约2分钟。

2. 关火后捞出余煮好的瘦肉，过一下冷水，装盘备用。

3. 砂锅中加适量高汤烧开，倒入瘦肉，放入洗净的龟板、天麻、远志、菖蒲。

4. 盖上盖，大火煮15分钟，转小火炖约3小时至熟，揭盖，放盐调味，盛出即可。

轻松补脑
只需一碗炖汤

南瓜清炖牛肉

● 原料 *Ingredients* ●

牛肉块……300克

南瓜块……280克

葱段……少许

姜片……少许

● 调料 *Seasonings* ●

盐……2克

● 做法 *Directions* ●

1. 砂锅中注水烧开，倒入洗净切好的南瓜，倒入牛肉块、葱段、姜片，拌匀。

2. 盖上盖，用大火烧开后转小火炖煮约2小时至食材熟透。

3. 揭开盖，加入盐，拌匀调味，用汤勺掠去浮沫。

4. 盛出煮好的汤料即可。

── 私房汤语 ──

应邀参加某档美食栏目，在场的养生专家推荐喝这款汤，因为它能补脾胃、增智慧，而且很好喝，十分甘润。于是，它也变成了我的日常补脑汤。

羊肉奶羹

滋阴补脑益健康
一举多得的好汤

◎ 原料 *Ingredients* •

山药……100克

羊肉……80克

牛奶……40毫升

姜片……少许

◎ 调料 *Seasonings* •

盐……2克

高汤……适量

◎ 做法 *Directions* •

1. 砂锅中注入适量高汤，大火烧开，放入洗净切好的羊肉，拌匀。

2. 盖上盖，烧开后转小火煮约1.5小时至其熟烂。

3. 揭盖，放入洗好去皮切片的山药，撒入姜片，盖上盖，小火煮约30分钟。

4. 揭盖，倒入牛奶，调入盐，煮至汤汁收浓，盛出即可。

鲜美开胃
爱不释手的健脑汤

西洋菜生鱼鲜汤

◉ 原料 *Ingredients* •

生鱼……300克

瘦肉块……50克

西洋菜……40克

胡萝卜块……少许

蜜枣……少许

杏仁……少许

陈皮……少许

◉ 调料 *Seasonings* •

盐……2克

食用油……适量

高汤……适量

◉ 做法 *Directions* •

1. 水烧开，倒入瘦肉块氽水捞出。
2. 热油爆香姜片，下生鱼煎香，加高汤煮沸，取生鱼入鱼袋扎好。
3. 砂锅中倒高汤、生鱼、瘦肉、胡萝卜、蜜枣、陈皮、杏仁、西洋菜。
4. 大火煮15分钟，转中火煮1~3小时至熟，加盐，盛出汤料即可。

─ 私房汤语 ─

此汤非常鲜美、开胃，是我从一个大厨手中学来的哟，它能够迅速补充机体和大脑所需的水分、蛋白质、维生素等成分，让你一整天都感觉神清气爽。

和 摄像组一行几个人出去拍摄一些宣传照片。临近中午时，副编导在筛选照片，一直无奈地摇头表示不满意。此时正好外卖送到，其中就有个汤，特别受欢迎。午休过后，大家激情高涨，摄影师也灵感大发，拍出了很多震撼心灵的作品。

鲜香益脑
赏心悦目的神奇汤

佛手瓜扇贝鲜汤

◉ 原料 *Ingredients* •

佛手瓜块……100克

扇贝……40克

姜丝……少许

葱花……少许

◉ 调料 *Seasonings* •

盐……2克

鸡粉……2克

胡椒粉……适量

芝麻油……适量

食用油……适量

◉ 做法 *Directions* •

1. 锅中注入适量清水烧开，倒入少许食用油，拌匀。
2. 将扇贝、佛手瓜、姜丝倒入锅中拌匀，盖上锅盖，煮至食材熟透。
3. 揭盖，放入少许芝麻油、胡椒粉、鸡粉、盐，拌至食材入味。
4. 将煮好的汤料盛出，装入碗中，撒上葱花即可。

── 私房汤语 ──

　　这个汤清热润燥、生津止渴，适合中午喝。午休的同时，汤中的营养成分还能辅助大脑进行深度的睡眠。

　　到了下午，看似力不从心的工作都变得易如反掌啦。

给大脑"升级"
别小看靓汤哟

冬瓜竹荪干贝汤

● 原料 *Ingredients* ●

冬瓜片……300克

竹荪……100克

干贝……20克

姜片……少许

葱花……少许

● 调料 *Seasonings* ●

鸡粉……2克

盐……2克

食用油……适量

● 做法 *Directions* ●

1. 锅中注油，爆香姜片、干贝，炒至金黄色，倒入洗净切好的冬瓜片炒匀。

2. 锅中加入适量清水煮沸，倒入洗净切好的竹荪，搅拌匀。

3. 续煮约10分钟至食材熟透，加入鸡粉、盐拌匀。

4. 盛出，撒上葱花即可。

私房汤语

冬瓜是补水利尿的佳品，而竹荪和干贝有益气补脑、宁神健体的作用。如果你感觉大脑不够用，那就一定要试试这款靓汤，让大脑"升级"哟！

私房汤

缓解精神压力的

许多人都说，适当的压力就是动力，但是长期的高压力，也会导致诸多问题呢，比如心烦气躁、健忘、失眠等症状。无论是在工作还是在生活中，如果一直处于这种状态，势必损害健康。其实呢，许多汤都有舒缓压力的功效，不妨尝试一下哟。

喝出好状态
甘甜爽口我的最爱

马蹄甘蔗汤

◉ 原料 *Ingredients* ●

马蹄……40克
甘蔗……40克

◉ 调料 *Seasonings* ●

白糖……适量

◉ 做法 *Directions* ●

1. 锅中注入适量的清水烧开。
2. 将洗净去皮的马蹄和切好的甘蔗倒入锅中，搅拌均匀。
3. 烧开后再煮20分钟，倒入备好的白糖，搅拌片刻。
4. 盖上锅盖，略煮入味，揭盖，将煮好的甜汤盛出，装碗即可。

—— 私房汤语 ——

　　马蹄甘蔗汤喝起来，既甜润又清爽，好像吹来一股清风，感觉瞬间有股正能量溢满全身。据说，这款汤可以减压去火哟，正适合压力大的人群喝，最近压力大的朋友可以试试嘛。

小食材大功效
超有效的减压汤

番茄豆腐汤

◎ **原料** *Ingredients* •

豆腐块……180克

番茄块……150克

葱花……少许

◎ **调料** *Seasonings* •

盐……2克

鸡粉……2克

番茄酱……适量

◎ **做法** *Directions* •

1. 锅中注水烧开，倒入洗净切好的豆腐拌匀，煮约2分钟，捞出。

2. 锅中注水烧开，倒入切好的番茄拌匀，加盐、鸡粉，煮约2分钟。

3. 加番茄酱，倒入焯煮好的豆腐，拌匀，煮约1分钟至熟。

4. 搅拌匀，盛出煮好的汤料，装入碗中，撒上葱花即可。

— **私房汤语** —

　　一般人轻易就小看了这款汤，因为汤中没有山珍海味，没有名贵药材，所以应该没什么功效。其实不然，这款汤可是能够起到稳定情绪，以及缓解神经紧张的作用呢。制作起来也方便、快捷，一起来试试吧！

安神汤
一喝倾心滋润到心

双菇玉米菠菜汤

◉ 原料 *Ingredients* •

香菇……80克

金针菇……80克

玉米段……60克

菠菜……50克

姜片……少许

◉ 调料 *Seasonings* •

鸡粉……3克

盐……2克

◉ 做法 *Directions* •

1. 锅中注水烧开，放入洗净切块的香菇、玉米段和姜片，拌匀。

2. 煮约15分钟至食材断生，倒入洗净的菠菜和金针菇，拌匀。

3. 加少许盐、鸡粉，拌匀调味，用中火煮约2分钟。

4. 至食材熟透，盛出煮好的汤料，装入碗中即可。

宁心安神
神清气爽一整天

茅根甘蔗茯苓瘦肉汤

◉ 原料 *Ingredients* •

瘦肉……350克	甘蔗……40克
玉米……60克	茅根……30克
胡萝卜……60克	茯苓……20克

◉ 调料 *Seasonings* •

盐……2克

高汤……适量

◉ 做法 *Directions* •

1. 洗净去皮的胡萝卜切段；洗净的瘦肉切块，
   汆水。
2. 砂锅中加高汤烧开，倒入玉米、胡萝卜、甘
   蔗、茯苓，放入茅根、瘦肉大火煮20分钟。
3. 转小火慢炖约2小时至熟。
4. 调入少许盐拌匀即可。

私房汤语

这个汤有着宁心安神的功
效，通常我压力大、精神紧张
时，就会选择它，觉得还蛮不
错的呢。当然，压力大时摆正
心态也很重要哟！

有一天，录完节目后，台里面的大才女阿F对我说，今晚我请客，一起来唱歌吧！我无奈地摆摆手，说恐怕HIGH不了，因为明天要准备一个重要的直播活动，得好好准备下。现在想想，那时可能还是过多担忧了，干嘛给自己找压力呢。

缓解压力
工作少烦恼

冬瓜银耳煲瘦肉

◎ 原料 *Ingredients* ●

瘦肉……100克　　　茯苓……5克

冬瓜块……100克　　沙参……5克

水发银耳……100克　玉竹……5克

薏米……10克　　　　杏仁……3克

百合……10克

◎ 调料 *Seasonings* ●

盐……2克

高汤……600毫升

◎ 做法 *Directions* ●

1. 锅中注水烧开，放入洗净切块的瘦肉，氽水捞出，过冷水待用。

2. 砂锅中注入高汤烧热，倒入瘦肉，放入洗净切碎的银耳和洗净切块的冬瓜。

3. 放入洗好的薏米、茯苓、沙参、百合、玉竹、杏仁拌匀，大火烧开。

4. 转小火煲1~3小时至食材熟透，加少许盐调味，盛出，装入碗中即可。

私房汤语

　　我一直很喜欢这个汤，尤其喜欢晚餐的时候喝，这个汤可以安神助眠、缓解压力，让我美美地睡个安稳觉。喝了这个汤，睡上一觉，起来就感觉像重新充满电一样，而且，味道清清淡淡的，鲜甜可口，你也不要错过哟。

赵彤的私房汤

茯苓鸽子煲

安神助眠
精力充沛少烦躁

◉ 原料 *Ingredients* •

乳鸽肉块……200克

茯苓……50克

姜片……少许

◉ 调料 *Seasonings* •

盐……2克

高汤……适量

◉ 做法 *Directions* •

1. 锅中注水烧开，放入洗净的乳鸽肉，氽去血水，捞出过冷水，备用。

2. 另起锅，注入适量高汤烧开，加入乳鸽肉、茯苓、姜片，拌匀。

3. 煮开后调至中火，炖3小时，加入适量盐。

4. 搅拌均匀，至食材入味，将煮好的汤料盛出即可。

神采奕奕
巧配食材的大功效

哈密瓜鱼尾猪骨汤

◉ 原料 *Ingredients* •

鱼尾……250克	猪骨……40克
玉米块……50克	姜片……适量
哈密瓜块……50克	

◉ 调料 *Seasonings* •

盐……2克

高汤……适量

食用油……适量

◉ 做法 *Directions* •

1. 锅中注水烧开，倒入洗净的猪骨氽水捞出，过一次冷水，备用。
2. 热油爆香姜片，下鱼尾煎香，倒高汤煮沸，取鱼尾放入鱼袋扎好。
3. 砂锅加高汤，放入猪骨、鱼尾、玉米、哈密瓜大火煮15分钟。
4. 转中火煮1～3小时至熟，加盐，捞出鱼尾，盛出汤料即可。

私房汤语

这款汤含有鱼尾、哈密瓜、猪骨、玉米，都是我爱吃的食材呢。这样的搭配使汤汁香醇、甜润，常喝此汤能够安神定惊，让你神采奕奕哟。

私房汤

改善内分泌失调的

内分泌失调是大部分女人都会遇到的问题。听专家说，食疗胜过药疗呢，那此时更应该多煲一些好汤啦。这些汤营养丰富，且易于吸收，能滋补女人，还能调节激素含量，改善一系列症状。它们是什么汤呢？一起来看看吧。

滋补调养
远离女人问题

滋补枸杞银耳汤

◉ 原料 *Ingredients* •

水发银耳……150克
枸杞……适量

◉ 调料 *Seasonings* •

白糖……适量

◉ 做法 *Directions* •

1. 砂锅中注入适量清水烧开，将切好的银耳倒入锅中。
2. 搅拌片刻，盖上锅盖，烧开后转中火煮1~2小时。
3. 揭开锅盖，加入适量的白糖，将备好的枸杞倒入锅中。
4. 搅拌均匀，把煮好的甜汤盛出，装入碗中即可。

— 私房汤语 —

　　这款汤真的是相当地滋补，还能改善内分泌失调呢。枸杞和银耳是药食两用之佳品，其中，银耳滋阴、祛斑效果更是棒，而枸杞能够滋补肝肾，还能增强免疫力哟。

改变由内而外
你的美丽你做主

玉米番茄杂蔬汤

◎ 原料 *Ingredients* ●

胡萝卜块……60克

番茄……60克

玉米段……60克

莴笋块……60克

芹菜段……20克

洋葱块……30克

◎ 调料 *Seasonings* ●

盐……2克

鸡粉……2克

高汤……适量

◎ 做法 *Directions* ●

1. 砂锅中加高汤烧开，放入备好的莴笋块、玉米段、胡萝卜块。

2. 放入洗净切块的番茄，烧开后转小火煮至断生，放入芹菜段和洋葱块。

3. 加少许鸡粉、盐，拌匀调味，用大火煮约2分钟至食材熟透。

4. 关火后盛出煮好的汤料，装入碗中即可食用。

私房汤语

　　内分泌失调能导致很多问题呢，比如皮肤恶化、脾气急躁、妇科疾病等等。这款杂蔬汤则能够补充人体所需的多种营养成分哟，还能调节体质，从而能够改善内分泌失调的症状。

调节激素平衡
拥有少女般的身心

玉米土豆清汤

◉ 原料 *Ingredients* •

土豆块……120克

玉米段……60克

葱花……少许

◉ 调料 *Seasonings* •

鸡粉……3克

盐……2克

胡椒粉……2克

◉ 做法 *Directions* •

1. 锅中注水烧开，放入洗净的土豆块和玉米段，拌匀。

2. 盖上锅盖，用中火煮约20分钟至食材熟透。

3. 打开锅盖，加盐、鸡粉、胡椒粉调味，拌煮片刻至入味。

4. 关火后盛出煮好的汤料，装入碗中，撒上葱花即可。

私房汤语

　　懂得养生的女性朋友都很青睐它，于是，我摸索着自学了这道汤。

　　这道汤能健脾和胃、益气调中，关键是有改善内分泌失调之功效，在这里我就分享给大家啦。

滋阴养颜
时刻保持健康状态

至补人参乌鸡汤

◎ 原料 *Ingredients* •

乌鸡肉块……200克

红枣……30克

人参…… 8克

陈皮……5克

◎ 调料 *Seasonings* •

盐……2克

高汤……适量

◎ 做法 *Directions* •

1.锅中注水烧开，倒入备好的乌鸡肉块，汆水捞出，过一遍冷水，备用。

2.砂锅中倒入适量的高汤烧开，放入洗好的人参、红枣和陈皮。

3.倒入乌鸡肉块，拌匀，烧开后转中火煮3小时至药材析出有效成分。

4.加入少许盐，搅拌均匀，将煲好的鸡汤盛出，装入碗中即可。

调节内分泌
做最美的女人

玫瑰莲子百合银耳煲鸡

◉ 原料 *Ingredients* •

鸡肉块……200克　　　百合……30克

水发银耳……50克　　　玫瑰花……少许

莲子……30克

红枣……30克

◉ 调料 *Seasonings* •

料酒……8毫升

盐……2克

高汤……适量

◉ 做法 *Directions* •

1. 锅中注水烧开，倒入备好的鸡块，氽水捞出，过冷水备用。
2. 砂锅中加高汤烧开，倒入莲子、百合、红枣、玫瑰花，放入切好的银耳，加入鸡块。
3. 淋入料酒，烧开后转中火煮3小时至食材熟透，加盐调味。
4. 盛出煮好的鸡汤，装碗即可。

私房汤语

　　朋友特别注重养生，她的秘籍就是煲汤，各种汤都煲。她力荐的这款汤在活血散滞、滋养容颜等方面效果非常显著，是一款好喝又能调节内分泌的靓汤哟。

经常要应付很多社交活动，或者参加很多聚会聚餐，所以不时要放
肆地吃吃喝喝。我也感觉我的心肝脾胃都有点不满我这个主人
了。作为主持人，我可不想被一系列的女人问题困扰。所以，日常的
饮食方面还是很注意的。

懂得调养
才是生活大赢家

豆腐海鲜汤

● 原料 Ingredients ●

鱿鱼……200克

豆腐……100克

芹菜段……50克

虾仁……40克

生菜叶……30克

姜丝……少许

● 调料 Seasonings ●

盐……2克

鸡粉……少许

食用油……适量

● 做法 Directions ●

1. 锅中注水烧开，倒入洗净的虾仁、鱿鱼煮一会儿，捞出备用。

2. 另起锅，注油烧热，爆香姜丝，倒入开水，放入豆腐，煮3分钟。

3. 放入一些鸡粉、盐，拌匀，放入已经氽过水的虾仁和鱿鱼拌匀。

4. 煮至食材熟透，放入生菜叶和芹菜段，稍微煮一下，盛出即可。

私房汤语

　　喜欢吃海鲜的我，最爱用海鲜做汤。我今天推荐的这款汤有补肾、滋阴、健胃、增强免疫力的作用，十分适合内分泌紊乱的人哟。现在你知道了吧，调理内分泌不一定要去看中医、吃中药，平时多注重饮食调养就会好很多了哟。

私房汤

改善肠胃不适的

许多人认为，肠胃不适是老年人才有的毛病。其实不是的，任何人平时不注重饮食和作息习惯，都有可能导致肠胃不适。在这里我就介绍几款私房汤，它们都是肠胃的好帮手，好喝又滋补，值得你拥有。

轻松暖肠胃
喝过才知道

红豆薏米汤

◉ 原料 *Ingredients* •

水发红豆……35克
薏米……20克
牛奶……适量

◉ 调料 *Seasonings* •

冰糖……适量

◉ 做法 *Directions* •

1. 锅中注水烧开，倒入泡发好的红豆、薏米，搅拌均匀。
2. 烧开后用中火煮30分钟至食材软烂，倒入备好的冰糖，搅拌一会儿。
3. 待冰糖完全溶化，倒入牛奶，搅匀。
4. 将煮好的甜汤盛出，装入碗中，待稍微放凉即可饮用。

私房汤语

　　肠胃不适真的很麻烦，不能享受许多美味，对吃货来说，简直是煎熬嘛！这款汤能够调节肠胃运动，坚持饮用，能够明显改善肠胃不适的症状哟，而且味道还很好呢！所以吃货们，要记得常喝汤喔！

益胃健脾
补充元气吃天下

鸡骨草元气汤

◎ 原料 *Ingredients* •

鸡骨草……10克

甘草……5克

蜜枣……5克

◎ 做法 *Directions* •

1.砂锅中注水烧开，放入洗净的鸡骨草、甘草、蜜枣。

2.用勺子搅拌均匀，盖上锅盖。

3.用中火煮约3小时至营养成分完全析出。

4.揭盖，搅拌片刻，关火后盛出煮好的汤料，装入碗中即可。

清热解毒
守护肠胃的好帮手

原味南瓜汤

● 原料 *Ingredients* ●

南瓜片……300克

姜片……少许

蒜末……少许

葱花……少许

● 调料 *Seasonings* ●

盐……2克

鸡粉……2克

食用油……适量

● 做法 *Directions* ●

1. 热锅注入适量食用油，烧至五成热，放入蒜末、姜片。

2. 倒入洗净切好的南瓜，炒匀，加入适量清水、盐、鸡粉。

3. 用中火煮约8分钟至食材熟透，搅拌均匀。

4. 盛出煮好的汤料，装入碗中，撒上葱花即可。

私房汤语

南瓜有健脾、养胃等作用，用于煲汤时，这种效果更加明显呢。这款汤能有效缓解肠胃不适，而且又甘甜、润口。我推荐给朋友们，很多人都很喜欢哟。

养胃又减肥
你值得拥有

金针菇冬瓜汤

⊙ 原料 *Ingredients* •

冬瓜块……100克

金针菇……80克

姜片……少许

葱花……少许

⊙ 调料 *Seasonings* •

盐……3克

鸡粉……3克

胡椒粉……2克

食用油……适量

⊙ 做法 *Directions* •

1. 锅中注水烧开，淋入适量食用油，加少许盐、鸡粉，拌匀调味。

2. 放入洗净的冬瓜块、姜片，煮至七成熟，放入洗净的金针菇，拌匀。

3. 煮约7分钟至熟，加少许胡椒粉，拌煮片刻至食材入味。

4. 关火后盛出煮好的汤料，撒上葱花即可。

养胃养颜
怎么吃都不怕

苹果红枣陈皮瘦肉汤

◉ 原料 *Ingredients* ●

苹果块……200克

瘦肉……120克

水发木耳……100克

红枣……15克

陈皮……5克

◉ 调料 *Seasonings* ●

盐……2克

高汤……适量

◉ 做法 *Directions* ●

1. 锅中注水烧开，倒入洗净切好的瘦肉，余水捞出，过一下冷水。

2. 砂锅中注入适量高汤烧开，倒入瘦肉，放入备好的红枣、陈皮。

3. 加入洗净的木耳，倒入苹果块，大火烧开后转小火炖1~3小时至熟。

4. 加入盐，拌匀调味即可。

私房汤语

　　我接受老中医的建议，从饮食上着手调养肠胃了。这个苹果红枣陈皮瘦肉汤，味道微酸，可是很好喝哟，据说有健脾养胃、补气养颜等功效，来试试吧！

好肠胃助你
享受生活的美滋美味

木瓜花生鸡爪汤

◎ 原料 *Ingredients* ●

木瓜块……200克

花生米……100克

鸡爪……100克

姜片……少许

香菜……少许

◎ 调料 *Seasonings* ●

鸡粉……2克

盐……2克

料酒……适量

高汤……适量

◎ 做法 *Directions* ●

1. 锅中注水烧开，放入鸡爪，倒入一些料酒，煮3分钟，捞起后过一遍冷水，待用。

2. 另起锅，注入适量高汤烧开，加入鸡爪、花生米、木瓜块、姜片，拌匀。

3. 调至大火，等煮开后调至中火，炖3小时至食材煮熟，加入一些鸡粉、盐。

4. 拌至食材入味，将煮好的汤料盛出，装入碗中，撒上香菜即可。

── 私房汤语 ──

　　这个汤很开胃，同时这个汤可以滋养肠胃哟！此外，鸡爪还是嫩肤佳品呢。其实，保护肠胃是"人人有责"的事，大家想要保护好自己的肠胃，不妨尝试一下这个汤吧。

海参干贝虫草煲鸡

养胃又滋补
吃得好才会身体好

◉ 原料 *Ingredients* ●

鸡肉块……60克

水发海参……50克

虫草花……40克

蜜枣……少许

干贝……少许

姜片……少许

黄芪……少许

党参……少许

◉ 调料 *Seasonings* ●

盐……少许

高汤……适量

◉ 做法 *Directions* ●

1. 锅中注水烧开，倒入备好的鸡肉块汆水捞出，过一次冷水，洗净备用。

2. 砂锅中倒入适量的高汤烧开，放入洗净切好的海参，倒入洗净的虫草花。

3. 倒入鸡肉、蜜枣、干贝、姜片、黄芪、党参，拌匀。

4. 烧开后转小火煮3小时至食材入味，加入少许盐，盛出，装入碗中即可。

补虚养胃
你不知道的秘诀

干贝茯苓麦冬瘦肉汤

● 原料 *Ingredients* ●

| 瘦肉……200克 | 麦冬……15克 |
| 山药……30克 | 百合……15克 |
| 干贝……15克 |
| 茯苓……15克 |

● 调料 *Seasonings* ●

盐……3克
高汤……适量

● 做法 *Directions* ●

1. 锅中注水烧开，倒入洗净切好的瘦肉汆水捞出，过冷水，备用。
2. 砂锅中加高汤烧开，倒入瘦肉，放入备好的干贝、茯苓、麦冬、百合、山药块。
3. 大火烧开后转小火慢炖1~3小时至熟，搅拌匀，加入适量盐。
4. 拌至食材入味，装入碗中即可。

私房汤语

　　干贝有改善肠胃消化不良或腹胀不适等作用，用于煲汤特别合适。身边很多人都喜欢喝这道汤，因为它还能除心烦、助睡眠。好肠胃是"喝"出来的哟。

私房汤

缓解肩颈酸痛的

久坐不动，缺乏锻炼或者锻炼过度，以及不正确的坐姿和卧姿，都是肩颈酸痛的元凶哟。我也有过肩颈酸痛的经历，并且通过喝汤得到了很大的改善，所以我推荐你饮用下面的几款靓汤。

消肿止痛
看不见的神奇之手

苋菜嫩豆腐汤

● 原料 *Ingredients* ●

豆腐块……150克
苋菜叶……120克
姜片……少许
葱花……少许

● 调料 *Seasonings* ●

盐……2克
食用油……少许

● 做法 *Directions* ●

1. 锅中注水烧开，倒入洗净切好的豆腐，煮约1.5分钟后捞出。
2. 锅中注油，爆香姜片，倒入苋菜叶炒至熟软，加水，拌匀。
3. 煮约1分钟，倒入煮好的豆腐，拌匀，调入适量盐。
4. 盛出煮好的汤料，装入碗中，撒上葱花即可。

―― 私房汤语 ――

查了中医药典才知道，苋菜有清热解毒、健胃消食、消肿止痛等诸多功效呢，对缓解肩颈酸痛很有好处。苋菜嫩豆腐汤，营养美味，还很方便是不是！

气血畅通
和肩颈疼痛说再见

花生红枣木瓜排骨汤

◎ 原料 *Ingredients* ●

排骨块……180克

木瓜块……80克

花生米……70克

红枣……20克

核桃仁……15克

◎ 调料 *Seasonings* ●

盐……3克

高汤……适量

◎ 做法 *Directions* ●

1. 锅中注水烧开，倒入洗净的排骨块，汆水捞出，过一下冷水，备用。

2. 砂锅中加高汤烧开，倒入排骨块、木瓜块、红枣、花生米、核桃仁，拌匀。

3. 用大火烧开后转小火炖1～3小时至食材熟透。

4. 加入盐，拌匀调味，盛出炖煮好的汤料，装入碗中即可。

肩颈不痛
才能继续奋斗

花胶干贝香菇鸡汤

⊙ 原料 *Ingredients* •

鸡肉块……200克	干贝……10克
水发香菇……30克	姜片……少许
花胶……20克	枸杞……少许
淮山……20克	
桂圆肉……20克	

⊙ 调料 *Seasonings* •

高汤……适量

⊙ 做法 *Directions* •

1. 锅中注水烧热，放入鸡肉块，氽去血水，捞出过一次凉水，备用。
2. 砂锅中加高汤烧开，倒入鸡肉块、淮山、姜片、桂圆肉、干贝、香菇，搅拌均匀。
3. 烧开后用小火煮1~2小时至食材熟软，倒入花胶、枸杞，搅拌均匀。
4. 续煮一会儿至花胶略微缩小，盛出即可。

私房汤语

我觉得有过肩颈酸痛经历的人，一定要学学这道汤的烹饪。因为它不仅能帮你改善这类症状，还能滋阴养颜、补肾、强身健体。我的朋友就常喝，还向我推荐，我也分享给大家吧！它在很多时候，都可以充当你的私人按摩师哟！

缓解酸痛
随时随地保持轻松

猴头菇冬瓜薏米鸡汤

◉ 原料 *Ingredients* •

冬瓜块……300克

鸡肉块……200克

猴头菇……30克

芡实……15克

薏米……15克

干贝……少许

◉ 调料 *Seasonings* •

料酒……8毫升

盐……2克

高汤……适量

◉ 做法 *Directions* •

1. 锅中注水烧开，倒入备好的鸡肉块，余水捞出，过一遍冷水，备用。

2. 锅中加高汤烧开，倒入备好的猴头菇、干贝、芡实、薏米、冬瓜块。

3. 倒入鸡肉块，淋入料酒，烧开后转中火煲煮3小时至食材熟透。

4. 调入少许盐，盛出鸡汤，装入碗中，待稍微放凉即可食用。

— 私房汤语 —

　　这个汤据说是剧组特意给演员定制的哟，因为许多演员都有肩颈酸痛、心烦气躁、体虚的问题。尝过才知道，这样的一款汤不仅味美，能够补充能量，消除烦躁，还能缓解全身酸痛的症状呢。瞬间觉得剧组好贴心呢。

私房汤

促进血液循环的

血液不循环，人体容易生病哟。通过适当的运动和合理的饮食，可以有效促进血液循环，替人们寻回健康的状态呢。本节中介绍了几款靓汤，都在促进血液循环方面效果很显著呢，此外它们还有健脑、养颜、补虚等多种功效哟。快来瞧瞧我的这些私房汤吧！

促进血液循环
做最美丽的公主

番茄蛋汤

◉ 原料 *Ingredients* •

番茄……120克

蛋液……50克

葱花……少许

◉ 调料 *Seasonings* •

鸡粉……2克

盐……2克

胡椒粉……2克

高汤……适量

◉ 做法 *Directions* •

1. 锅中加备好的高汤烧开，放入洗净切块的番茄，拌匀。

2. 用大火煮约1分钟至食材熟透，调入鸡粉、盐、胡椒粉。

3. 倒入打散拌匀的蛋液，边倒边搅拌，用小火略煮片刻，至蛋花成形。

4. 关火后盛出煮好的汤料，装入碗中，撒上葱花即可。

── 私房汤语 ──

　　就是这样一款普通的汤，我却从小就喜欢，百喝不腻。因为它好喝且开胃，能够促进新陈代谢、改善血液循环，还能健脑益智、美容护肤呢。

当归黄芪红枣煲鸡

益气补血
你的气质你作主

◉ 原料 *Ingredients* •

鸡肉块……250克

红枣……30克

当归……15克

黄芪……8克

◉ 调料 *Seasonings* •

盐……2克

高汤……适量

◉ 做法 *Directions* •

1. 锅中注水烧开，倒入洗净的鸡肉块，汆水捞出，过一下冷水，备用。

2. 砂锅中加高汤烧开，倒入洗好的红枣、当归、黄芪。

3. 放入鸡肉，用大火烧开后转小火炖1~3小时至食材熟透。

4. 加入盐，拌匀调味，盛出炖煮好的汤料即可。

活血养颜
让美丽的你更健康

淡菜枸杞煲老鸽

● 原料 *Ingredients* ●

老鸽肉……200克
淡菜……150克
枸杞……少许
红枣……少许

● 调料 *Seasonings* ●

盐……2克
高汤……适量

● 做法 *Directions* ●

1. 锅中注水烧开，放入洗净的鸽肉，氽水，捞出过冷水，备用。
2. 另起锅，注入高汤烧开，加入鸽肉、红枣、淡菜，大火煮开后转中火。
3. 煮1.5小时至食材熟软，放入枸杞，加入少许盐，拌匀入味。
4. 煮10分钟至食材熟透，将煮好的汤料盛出即可。

私房汤语

　　这款汤既有海鲜的鲜美，又有鸽肉的香醇，真的是好喝到爆！而且还能改善皮肤血液循环、增强免疫力，所以一定要常喝哟。

补充气血
好喝又健康的靓汤

眉豆花生鸡爪汤

◉ 原料 *Ingredients* •

鸡爪……40克

胡萝卜块……40克

水发眉豆……40克

瘦肉块……30克

水发香菇……20克

蜜枣……少许

杏仁……少许

◉ 调料 *Seasonings* •

盐……2克

高汤……适量

◉ 做法 *Directions* •

1. 锅中注水烧开，倒入洗净的鸡爪和瘦肉，氽去杂质，捞出过冷水，备用。

2. 砂锅中加高汤、鸡爪、瘦肉，倒入备好的眉豆、香菇、胡萝卜、蜜枣、杏仁。

3. 大火煮15分钟，转中火煮2～3小时至食材熟软，调入盐，拌至入味。

4. 盛出煮好的汤料，装入碗中，待稍微放凉即可食用。

私房汤语

这款汤中含有眉豆、香菇、鸡爪、瘦肉等多种营养食材，可提供人体所需的蛋白质、多种维生素、铁质等成分，能够促进血液循环，让整个人感觉精力旺盛，连皮肤也会变得红润很多呢。

私房汤

缓解记忆减退的

记忆力减退有多种征兆，比如记不起每天发生的事，学习新知识很困难等等。生活中也不乏许多缓解记忆减退的方法，而食疗是最健康最省成本的一种了吧。我总结了下面几款靓汤，它们食材易得、做法简单，对于提高记忆力很有好处的。

轻松补脑
工作变得更高效

家常三鲜豆腐汤

● 原料 *Ingredients* ●

豆腐块……150克

胡萝卜片……50克

小油菜……45克

香菇……30克

虾米……15克

葱花……少许

● 调料 *Seasonings* ●

盐……3克

鸡粉……3克

胡椒粉……2克

料酒……适量

芝麻油……适量

食用油……适量

● 做法 *Directions* ●

1. 锅中注水烧开，加少许盐，倒入洗净切好的豆腐块，焯水捞出。

2. 热锅注油，烧热，炒香虾米、香菇，加入适量清水，放入胡萝卜片、豆腐块，搅拌均匀。

3. 调入盐、鸡粉、料酒，煮至沸，倒入洗净的小油菜，加入少许胡椒粉。

4. 淋入适量芝麻油，煮至食材熟透，盛出煮好的汤料，撒上葱花即可。

私房汤语

　　主持了一个双语晚会，顺利完成任务啦，汤的效果也超棒！这么多食材混合起来味道不但不会混乱，而且非常鲜美，营养呢自然也很丰富，让我那被榨干的脑子又运动起来了。你还要等吗，一起来试试这道美味又营养的汤吧！

人气 健脑靓汤
轻松改善记忆力

花旗参竹荪桂圆煲鸡

◎ 原料 *Ingredients* •

鸡肉……300克

竹荪……50克

红枣……5克

淮山……4克

党参……3克

花旗参……3克

桂圆……3克

姜片……少许

◎ 调料 *Seasonings* •

盐……2克

高汤……500毫升

◎ 做法 *Directions* •

1. 锅中注水烧开，放入洗净切好的鸡肉，余去血水，捞出过冷水，待用。

2. 砂锅中加高汤烧开，放入洗净的红枣、淮山、党参、花旗参、桂圆、姜片。

3. 倒入鸡肉和洗净的竹荪，烧开后转小火煮1～3小时至熟。

4. 放入少许盐调味，拌煮至食材入味，盛出汤料即可。

活跃脑细胞
你也可以有好记忆力

花生碎骨鸡爪汤

◉ 原料 *Ingredients* •

排骨……200克
花生米……100克
鸡爪……50克
葱段……少许
姜片……少许

◉ 调料 *Seasonings* •

盐……2克
鸡粉……2克
胡椒粉……适量
芝麻油……适量
料酒……适量

高汤……适量
食用油……适量

◉ 做法 *Directions* •

1. 水烧开，放入鸡爪、料酒，汆水，过冷水。

2. 起油锅，炒匀葱姜，倒高汤烧开，放入鸡爪、排骨、花生米。

3. 炖3小时至熟，加入盐、鸡粉、胡椒粉、芝麻油，拌入味。

4. 夹出葱姜，盛出汤料即可。

私房汤语

　　记忆力减退这个问题不是年纪大了才会碰到，其实我也常常有这毛病。主持节目，要记的东西好多，容易忘词，所以，我常用此汤帮助补脑，效果不错哟。

改善记忆
大脑的滋补佳品

番茄薯仔大头鱼尾汤

● 原料 *Ingredients* ●

大头鱼鱼尾……250克

土豆块……150克

番茄块……100克

姜片……少许

● 调料 *Seasonings* ●

盐……适量

高汤……适量

食用油……适量

● 做法 *Directions* ●

1. 热油爆香姜片，倒备好的鱼尾煎香，加高汤煮沸，取鱼尾装入鱼袋扎好。

2. 将炒锅内的汤水倒入砂锅中，煮沸，放入鱼尾，加入备好的土豆块、番茄块。

3. 用大火煮15分钟后转中火煮2小时至食材熟软。

4. 加入少许盐调味，盛出煮好的汤料，装入碗中即可。

―― 私房汤语 ――

　　嗯！我要用最便宜最容易找到的食材来煲出美味的汤，养好自己及回馈那些把我拍得美美的工作人员们。这些食材虽然平常但是营养价值可丝毫不逊色呢，想要解决脑力问题的你，来试试吧。

菠菜鸡蛋干贝汤

独家益脑汤
鸡蛋配干贝好美味

◉ 原料 *Ingredients* •

牛奶……200毫升

菠菜段……150克

蛋清……80毫升

干贝……10克

姜片……少许

◉ 调料 *Seasonings* •

料酒……8毫升

食用油……适量

◉ 做法 *Directions* •

1. 热锅中注油烧热，爆香姜片、干贝，倒入适量清水，加入少许料酒。

2. 煮约8分钟至沸腾，倒入洗净切好的菠菜，搅拌均匀。

3. 待菠菜煮软后，倒入牛奶，搅拌均匀。

4. 煮沸后倒入蛋清，续煮约2分钟，搅拌均匀，盛出即可。

拥有好记忆
让你更加出色

花旗参苹果雪梨瘦肉汤

● 原料 *Ingredients* ●

雪梨……100克	川贝……5克
苹果……100克	花旗参……5克
瘦肉块……80克	蜜枣……5克
无花果……5克	
杏仁……5克	

● 调料 *Seasonings* ●

高汤……600毫升

● 做法 *Directions* ●

1. 水烧开，下瘦肉块，汆水捞出。
2. 砂锅中加高汤烧开，倒入瘦肉和洗净的无花果、杏仁、川贝、花旗参、蜜枣。
3. 大火煲约10分钟，放入去皮切块的雪梨和苹果，大火烧开。
4. 转小火煮至熟，盛出汤料即可。

私房汤语

谁说水果不是煲汤的好选择，这道汤就反驳给你看哟。补气超厉害的花旗参搭配常见的苹果、雪梨，让你更加精神奕奕，大脑转得也更加快呢……

私房汤

改善疲乏困倦的

如果经常感到疲乏困倦，那说明身体已经在发出警示了。这个时候，首先需要建立自信，然后通过合理的运动和作息来调节身体。当然，这一过程中，绝对离不开膳食调理。记住，最合理的膳食调理莫过于喝汤了。

赶走疲劳
开胃提神的豆腐汤

芥菜竹笋豆腐汤

◎ 原料 *Ingredients* ●

豆腐块……300克

芥菜末……150克

竹笋块……100克

姜末……少许

◎ 调料 *Seasonings* ●

盐……2克

鸡粉……2克

水淀粉……适量

料酒……适量

食用油……适量

◎ 做法 *Directions* ●

1. 水烧开，倒入洗净切好的豆腐、竹笋煮约2分钟，捞起。

2. 锅注油，放入姜末、芥菜末翻炒，淋入料酒，加适量清水。

3. 煮至沸腾，倒入豆腐和竹笋，加入盐、鸡粉，拌匀调味。

4. 续煮2分钟至食材熟透，加入适量水淀粉拌匀，盛出即可。

私房汤语

这是一道缓解疲乏的汤，食材虽然平常，但是很受养生达人追捧。虽然清清淡淡，却可以帮助你改善你的体质，减轻你的疲劳，还可以排毒呢。

平菇豆腐开胃汤

看了嘴馋
喝了嘴更馋

◎ 原料 *Ingredients* •

平菇片……200克

豆腐块……180克

姜片……少许

葱花……少许

◎ 调料 *Seasonings* •

盐……2克

鸡粉……2克

料酒……少许

食用油……少许

◎ 做法 *Directions* •

1. 锅中注入食用油，烧至六成热，放入姜片，爆香。

2. 倒入洗净切好的平菇，炒匀，淋入料酒，加入清水。

3. 盖上盖，煮约2分钟至沸腾，揭盖，倒入切好的豆腐，拌匀。

4. 盖上盖，续煮约5分钟至熟，揭盖，加入盐、鸡粉，拌匀调味，盛出装碗，撒上葱花即可。

鲜香滋补
让你时刻保持活力

双菇蛤蜊汤

◉ 原料 *Ingredients* •

蛤蜊……150克

白玉菇段……100克

香菇块……100克

姜片……少许

葱花……少许

◉ 调料 *Seasonings* •

鸡粉……2克

盐……2克

胡椒粉……2克

─ 私房汤语 ─

　　搬家了，安顿好后，我终于有时间煲了一道汤来慰劳自己，就是这道双菇蛤蜊汤啦，听起来很鲜是不是？两种养生效果非常好的菌菇，还有营养丰富的海产品，这样一道简单又营养的汤，一定会让你的活力重新回来！

◉ 做法 *Directions* •

1.锅中注入适量清水烧开，倒入洗净切好的白玉菇、香菇。

2.倒入备好的蛤蜊、姜片，搅拌均匀，盖上盖，煮约2分钟。

3.揭开盖，放入鸡粉、盐、胡椒粉，拌匀调味。

4.盛出煮好的汤料，装入碗中，撒上葱花即可。

美容养颜补体力
四宝乳鸽来助力

四宝乳鸽汤

◎ 原料 *Ingredients* ●

山药块……200克

乳鸽肉……200克

水发香菇……50克

白果……30克

姜片……少许

枸杞……少许

葱段……少许

◎ 调料 *Seasonings* ●

鸡粉……2克

盐……2克

料酒……适量

高汤……适量

私房汤语

我们的身体在超负荷的时候，会通过一些感觉让自己知道，你该休息了，这个时候你需要的就是补充营养和休息让自己恢复好状态。说到补养，鸽子汤可是很赞的哟，而且这道四宝乳鸽汤还加了其他的营养食材，快来看看有哪些吧。

◎ 做法 *Directions* ●

1. 将洗净的乳鸽肉汆水，捞出。

2. 起锅烧开高汤，加入乳鸽肉、白果、香菇、姜片、葱段、山药块。

3. 加入料酒，调至中火，煮1.5小时至食材熟透，放入枸杞。

4. 加入鸡粉、盐拌匀，至食材入味，再煮10分钟，盛出即可。

马蹄香菇鸡爪汤

喝出好状态
和疲倦说再见

◉ 原料 *Ingredients* •

马蹄肉……100克

水发香菇……100克

鸡爪……100克

枸杞……10克

◉ 调料 *Seasonings* •

盐……2克

鸡粉……适量

料酒……适量

高汤……适量

◉ 做法 *Directions* •

1. 锅中注水烧开，放入处理好的鸡爪，加适量料酒，煮3分钟，捞起过冷水。

2. 另起锅，加高汤烧开，加入鸡爪、香菇、马蹄肉，大火煮至沸腾。

3. 调至中火，炖2小时至食材熟透，放入适量枸杞，搅拌均匀。

4. 依次放入适量盐、鸡粉，拌匀至食材入味，盛出即可。